André Daiyû Steiner
Erno Marius Obogeanu-Hempel

30 Minuten

OKR – Objectives & Key Results

Bibliografische Information der Deutschen Nationalbibliothek
Die Deutsche Nationalbibliothek verzeichnet diese Publikation
in der Deutschen Nationalbibliografie; detaillierte bibliografische Daten sind im Internet über http://dnb.d-nb.de abrufbar.

ISBN 978-3-96739-052-0

Umschlaggestaltung: die imprimatur, Hainburg
Umschlagkonzept: Buddelschiff, Stuttgart | www.buddelschiff.de
Lektorat: Eva Gößwein, Berlin
Grafiken: digitalwinners GmbH
Autorenfoto Steiner: Jasmin Boneberger
Autorenfoto Obogeanu-Hempel: Jasmin Boneberger
Satz: Zerosoft, Timisoara (Rumänien)
Druck und Verarbeitung: Salzland Druck, Staßfurt

Wir drucken in Deutschland.

www.gabal-verlag.de
www.twitter.com/gabalbuecher
www.facebook.com/Gabalbuecher
www.instagram.com/gabalbuecher

PEFC zertifiziert
Dieses Produkt stammt aus nachhaltig
bewirtschafteten Wäldern und kontrollierten
Quellen.
www.pefc.de

Wir übernehmen Verantwortung! Ökologisch und sozial!
- Verzicht auf Plastik: kein Einschweißen der Bücher in Folie
- Nachhaltige Produktion: Verwendung von Papier aus nachhaltig bewirtschafteten Wäldern, PEFC-zertifiziert
- Stärkung des Wirtschaftsstandorts Deutschland: Herstellung und Druck in Deutschland

In 30 Minuten wissen Sie mehr!

Dieses Buch ist so konzipiert, dass Sie in kurzer Zeit prägnante und fundierte Informationen aufnehmen können. Mithilfe eines Leitsystems werden Sie durch das Buch geführt. Es erlaubt Ihnen, innerhalb Ihres persönlichen Zeitkontingents (von 10 bis 30 Minuten) das Wesentliche zu erfassen.

Kurze Lesezeit

In 30 Minuten können Sie das ganze Buch lesen. Wenn Sie weniger Zeit haben, lesen Sie gezielt nur die Stellen, die für Sie wichtige Informationen beinhalten.

- Alle wichtigen Informationen sind **fett** gedruckt.

- Schlüsselfragen mit Seitenverweisen zu Beginn eines jeden Kapitels erlauben eine schnelle Orientierung: Sie blättern direkt auf die Seite, die Ihre Wissenslücke schließt.

- *Zahlreiche Zusammenfassungen innerhalb der Kapitel erlauben das schnelle Querlesen.*

- Ein Fast Reader am Ende des Buches fasst alle wichtigen Aspekte zusammen.

- Ein Register erleichtert das Nachschlagen.

3

Inhalt

Vorwort

OKR – Objectives and Key Results – ist eine geniale Zielmanagementmethode aus dem Silicon Valley. In diesem kleinen Buch werden wir Sie davon überzeugen, dass dieses Strategieumsetzungsinstrument auch in Ihrem Unternehmen unverzichtbar ist. Das gilt erst recht, wenn man sich vor Augen führt, dass laut einer Studie neun von zehn Unternehmen bei der Umsetzung ihrer Strategie versagen. Die OKR-Methode, die von **Andy Grove** bei Intel entwickelt wurde und die **John Doerr** vor über 20 Jahren bekannt und erfolgreich gemacht hat, ist das Schmiermittel für agile Transformationen und kann deshalb gut und gerne als topmodernes Instrument zur digitalen Führung bezeichnet werden – auch für (noch) nicht agile Unternehmen.

Die Erfolgsgeschichte von OKR begann mit Google, in das John Doerr 1999 zwölf Millionen US-Dollar investierte und das heute milliardenschwer ist, und erstreckt sich inzwischen auf Spotify, Zalando und viele weitere namhafte Unternehmen. OKR hat sich aufgrund der agilen Bewegung weiterentwickelt, was sich auch in diesem Buch widerspiegelt. Doch was zeichnet die OKR-Philosophie aus?

Mit dem Akronym **FACTS** lässt sich die Essenz von OKR eindrücklich darstellen: Die Methode verhilft, hohen **F**okus ins Unternehmen zu bringen, damit das Richtige und Wesentliche effektiv und effizient umgesetzt wird. **A**lignment, die konsequente Ausrichtung aller Abtei-

lungen, Teams, Führungskräfte und Mitarbeitenden, verhilft zu einer enormen Kooperations- und Unterstützungsbereitschaft. Aufgrund eines symbiotischen Wechselspiels von Top-down-, Bottom-up- und horizontalen Zielvereinbarungen entsteht ein außergewöhnliches Commitment auf allen Ebenen und allen Stufen. Jede Mitarbeiterin, jeder Mitarbeiter und alle Führungskräfte wissen zu jedem Zeitpunkt, an welchen Zielen, Erfolgstreibern und Aufgaben die Kolleginnen und Kollegen im Unternehmen arbeiten – dadurch wird eine nie da gewesene Transparenz gefördert und gewährleistet. Damit geht eine enorme Motivationswelle durch die ganze Organisation einher. Das „Stretchen" der Ziele, indem diese extrem ambitioniert und zum Teil sogar unerreichbar formuliert werden, führt zu komplett neuen, kreativen Wegen und Denkweisen, die jedes Unternehmen extrem skalieren lassen und somit noch erfolgreicher machen. **Springen auch Sie auf den OKR-Express auf!**
Viel Spaß beim Lesen und viel Inspiration wünschen Ihnen

André Daiyû Steiner und
Erno Marius Obogeanu-Hempel

30 MINUTEN

1. Grundlagen zu OKR

Bevor wir auf die OKR-Methode genauer eingehen, möchten wir uns zunächst mit den Fragen beschäftigen, warum OKR in der heutigen Zeit ein **unverzichtbares Strategieumsetzungsinstrument** ist und woher OKR kommt. Dabei wird sich zeigen, dass es sich bei OKR um ein „Best-of" aller Zielmanagementmethoden handelt. Ohne Umschweife gehen wir in medias res und so lernen Sie OKR, die beiden Elemente Objectives (Ziele) und Key Results (Schlüsselergebnisse) sowie deren Kombination zu einem kompletten OKR-Set kennen. Ferner schauen wir uns **„Moonshots"** und **„Roofshots"** an. So viel sei schon verraten: Wir wollen niemanden auf den Mond schießen.

1.1 Wir leben in einer VUCA-Welt

Jede Industrie und damit jedes Unternehmen ist von **Disruption** betroffen, wenn nicht heute, dann morgen. Die Art und Weise, wie sich **Kunden** verhalten, wie neue **Wettbewerber** in den Markt drängen, wie sich die **Marktdynamik** grundlegend verändert und wie rasant sich neue **Technologien** und **Geschäftsmodelle** entwickeln, führt zu extremen Umwälzungen. Für die einen ist es die **Chance**, neue und innovative Ansätze umzusetzen. Für die anderen, deren Welt Kopf steht und die keinen Ausweg sehen, birgt es große **Gefahren**. Zu dieser zweiten Kategorie gehören viele Unternehmen.

Die Herausforderung für Unternehmen

Überwältigt von neuen Konkurrenten oder neuen Kundenwünschen kämpfen Entscheidungsträger damit, angemessen zu reagieren. Entscheidungen sollen schneller getroffen werden und der Produktentwicklungszyklus soll extrem beschleunigt werden. **Innovation** sollte zur DNA des Unternehmens gehören, und wertschöpfungsorientiertes Denken ist dafür die Basis. Doch Untersuchungen des Harvard Business Review Analytic Services in Zusammenarbeit mit der Brightline Initiative ergaben, dass nur ein Fünftel aller Unternehmen 80 Prozent oder mehr ihrer strategischen Ziele erreichen.

Sehr gut beschrieben wird die Ausgangslage durch das **Akronym VUCA**. Es steht für:

- **Volatility** – Volatilität: Die Geschwindigkeit und Intensität der Veränderungen haben sich signifikant erhöht, auf allen Ebenen: Menschen, Märkte, Wettbewerber, Technologien, Daten und Geschäftsmodelle.
- **Uncertainty** – Unsicherheit: Die Dynamik und Geschwindigkeit der digitalen Transformation führen zu großer Unsicherheit: Wird es die Branche, das Unternehmen oder den Job in Zukunft noch geben?
- **Complexity** – Komplexität: Durch unklare und sich rasch verändernde Rahmenbedingungen entsteht eine noch nie da gewesene Komplexität in den Herausforderungen und Aufgabenstellungen.
- **Ambiguity** – Mehrdeutigkeit: Aufgrund der Unklarheit und Unschärfe neigen Menschen und Unternehmen zu Vereinfachungen, die problematisch sein können, da hierdurch keine Klarheit, sondern eher eine irritierende Mehrdeutigkeit entsteht.

OKR ist die Schlüsselmethode

Es gibt mehr und mehr Methoden und Tools, die Unternehmen dabei helfen sollen, die Kernherausforderungen der VUCA-Welt zu meistern. OKR ist eine davon und **sehr effektiv und effizient, um auf die Disruption zu antworten**. Diese Zielsetzungsmethode – eigentlich eine ganze Philosophie – ermöglicht es, eine Vision durch Fokus, Klarheit und Transparenz sowie Motivation, Leidenschaft und Ehrgeiz umzusetzen. Damit gibt OKR den anderen Innovationsmethoden, Tools und Apps einen sinnvollen Rahmen und Raum.

OKR passt dabei perfekt zu den Herausforderungen der VUCA-Welt und auch zu den **Lösungsimpulsen**, die ebenfalls im **Akronym VUCA** stecken:

- **Vision:** Der OKR-Prozess bezieht Vision, Mission und Purpose des Unternehmens als Grundlage ein.
- **Understanding** – Verstehen: Der OKR-Prozess setzt verständliche Ziele für das Unternehmen und seine Abteilungen.
- **Clarity** – Klarheit: Der OKR-Prozess schafft Klarheit und Transparenz.
- **Agility** – Agilität: Der OKR-Prozess lässt durch die kurzen Zyklen von beispielsweise drei Monaten und wöchentliche Besprechungen vollständige Agilität zu.

Diese vier Aspekte sind wesentlich für das Überleben von Unternehmen in der heutigen Zeit!

Wir leben in einer VUCA-Welt mit sich schnell verändernden Rahmenbedingungen, Unsicherheit, Komplexität und Mehrdeutigkeit. OKR hilft dabei, eine Vision, Verständnis und Klarheit zu schaffen und agil zu werden, um als Unternehmen überlebensfähig zu bleiben.

1.2 Die Historie von OKR

Der Begründer von OKR ist **Andy Grove**. Er war langjähriger CEO von Intel und hat diesen Ansatz bei Intel 1971 eingeführt. 1983 wurde der Ansatz das erste Mal in seinem Buch „High Output Management" dokumentiert. Sein Vertriebsmitarbeiter **John Doerr** besuchte 1975 einen „OKR-Kurs" von Grove, der seine Methode seinerzeit **„iMbO – Intel Management by Objectives"** nannte. Doerr wechselte zur Venture-Capital-Firma Kleiner Perkins und wurde dort Investment-Manager. 1999 führte er die OKR-Methode bei Google ein, als dort erst 40 Mitarbeitende beschäftigt waren. Larry Page, der Mitgründer und langjährige CEO von Google, später Alphabet, äußert sich in Doerrs OKR-Buch wie folgt: „OKRs haben uns zu zehnfachem Wachstum verholfen – immer wieder." (Doerr, S. 12) Weitere OKR-Erfolgsgeschichten sind: **LinkedIn, Twitter, Uber, Spotify und Zalando**.

OKR als „Best-of"

Wir haben im Rahmen unserer Beratungsprojekte verschiedene Zielmanagementmethoden eingesetzt und sind eindeutig zum Schluss gekommen, dass OKR mit Abstand die beste Methode ist, weil sie die Stärken der jeweiligen anderen Techniken vereint. OKR ist ein **„Best-of"** und eine symbiotische **Weiterentwicklung** der folgenden **Zielsetzungsmethoden**:

- **Management by Objectives (MbO)** von Peter Drucker (1954): setzt den Schwerpunkt auf Ziele und die Zielerreichung.
- **SMART** von George Doran (1981): liefert Kriterien, um Ziele klar zu definieren – **s**pecific, **m**easurable, **a**chievable, **r**elevant und **t**ime-bound.

- **Balanced Scorecard (BSC)** von Kaplan und Norton (1992): legt den Fokus auf strategische Maßnahmen.
- **Hoshin Kanri** (Mitte der 60er-Jahre): bezieht die Mitarbeitenden in den strategischen Ausrichtungsprozess ein.

OKR ist eine Erfolgsgeschichte: Andy Grove entwickelte den Ansatz 1971 bei Intel, John Doerr führte die OKR-Methode mit umwerfendem Erfolg 1999 bei Google ein. OKR ist eine symbiotische Weiterentwicklung, ein „Best-of" verschiedener Zielsetzungsmethoden, wie Management by Objectives, SMART, Balanced Scorecard und Hoshin Kanri.

1.3 Was ist OKR?

OKR – Objectives and Key Results, also **Ziele** und **Schlüsselergebnisse** – ist einerseits eine **Methode** und ein **Rahmenwerk** (Framework) zur Zielsetzung (Objectives) und zur Messung von Ergebniskennzahlen (Key Results) und andererseits ein kritischer Denkansatz und kontinuierlicher Verbesserungsprozess, also, wie bereits erwähnt, eigentlich eine ganze Philosophie. OKR ist
- eine Zielsetzungsmethode sowie ein **Zielmanagementsystem**,

- eine Strategieumsetzungsmethode und damit ein **Strategieausführungsinstrument** und
- ein Managementsystem zur zielgerichteten und modernen **Mitarbeiterführung**.

OKR nutzt sogenannte OKR-Sets. Ein OKR-Set besteht aus einem Objective und mehreren Key Results:
- Ein **Objective** ist ein Ziel – und beschreibt qualitativ, *was* es zu erreichen gilt.
- Ein **Key Result** ist ein quantitatives Schlüsselergebnis und beschreibt, *wie* wir zum Ziel kommen, also ein Objektive erreichen.

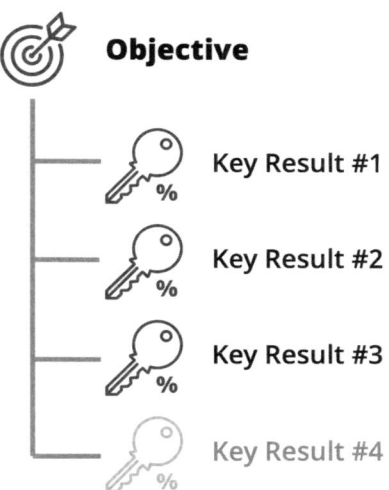

Abb. 1: Das OKR-Set

Das Musterunternehmen

Da sich OKR-Sets nur im Kontext als optimal definiert erschließen, basieren die Beispiele in diesem Buch auf einem Musterunternehmen und einer jeweils konkreten betriebswirtschaftlichen Situation: *Das Musterunternehmen stellt Caps und Trikots für Vereine und Clubs her.*

Situation des Musterunternehmens
Das Musterunternehmen hat im Moment eine geringe Kundenzufriedenheit und möchte das Thema angehen sowie eine datengetriebene Basis für Maßnahmen schaffen.

Beispiel OKR-Set
- **Objective:** *Wir haben ein klares Verständnis dafür gewonnen, welche Zufriedenheitstreiber für die Kunden in unserer Interaktion mit ihnen relevant sind.*
- **Key Result 1:** *Wir haben 500 Antworten einer außerordentlichen Online-Kundenbefragung ausgewertet zur Erarbeitung von Maßnahmen.*
- **Key Result 2:** *Wir haben mit 15 qualitativen persönlichen Interviews mit unseren umsatzstärksten abgesprungenen Kunden unsere Hypothesen zur Erarbeitung von Maßnahmen validiert.*

Objective, Key Results und Tasks

Zu einem Objective gehören also mehrere Key Results. Jedes der Key Results hat wiederum **Tasks, die zum**

Fortschritt in den Key Results führen – das können Aufgaben oder Projekte sein.

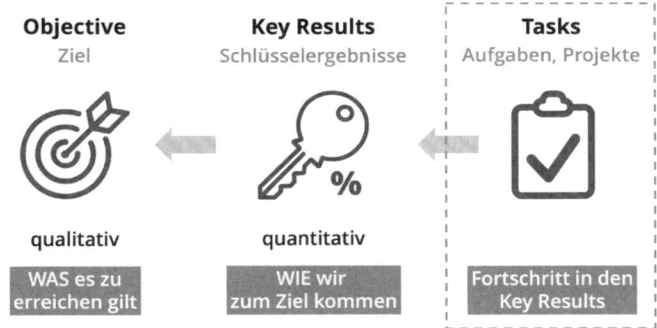

Abb. 2: Objective, Key Results und Tasks

Das Element Objective

Ein Objective ist ein **inspirierendes, qualitatives und ambitioniertes Ziel**. Es beschreibt, was es zu erreichen gilt. Objectives geben eine Richtung vor und beschreiben die nächste Etappe zur Umsetzung bzw. zur Erreichung der Vision. Sie beantworten also die Frage **„Wo will ich hin?"** bzw. „Wohin muss ich gehen?" und knüpfen damit an das Leitbild, bestehend aus Purpose, Vision und Mission, sowie an die Strategie bzw. Jahresplanung an.

Beispiele für Objectives
- *Die Kunden sind von unseren Angeboten und von unserer Interaktion mit ihnen begeistert.*

- *Unsere Kunden bekommen einen verblüffend simplen Bestellprozess mit einem fantastischen Kundenerlebnis.*

Objectives sind ...
- **ehrgeizig** – sie motivieren das Team und fordern es gleichzeitig heraus.
- **einprägsam** – sie sind kurz und knapp, einfach, aber nicht langweilig formuliert, für alle verständlich und leicht zu merken.
- **qualitativ** – sie enthalten keine Zahlen.
- **passend zur Unternehmenskultur** – sie können salopp formuliert sein und auch Spaß machen. Umgangssprache und interne Witze können verwendet werden, solange sie für alle verständlich sind, niemanden verletzen und zur Unternehmenskultur passen.

Auf einer Ebene, zum Beispiel Unternehmen, Abteilung oder Team, sollten unserer Erfahrung nach **zwei bis maximal vier Objectives** definiert werden, um den Schwerpunkt für einen definierten Zeitraum – den OKR-Zyklus, zum Beispiel ein Quartal – noch besser zu fokussieren (Näheres zum OKR-Zyklus in Kapitel 2.3).

Gute Objectives
Im Folgenden **Beispiele für gute Objectives** – sie sind „gut" in dem Sinne, dass die Situation diesen Schwerpunkt verlangt:

- *Wir haben durch eine umfangreiche Kundenbefragung neue wertvolle Insights bekommen.*
- *Wir haben Maßnahmen für eine optimierte Kundeninteraktion durchgeführt.*
- *Wir haben durch den optimierten Onboarding-Prozess neue Mitarbeitende gewonnen, die von Anfang an begeistert sind.*
- *Wir sind Heros, Sales-Kontakte in Hot Leads zu verwandeln, die zu begeisterten Kunden werden.*
- *Wir haben eine vollständig automatisierte Testumgebung mit umfangreichen Unit Tests für ein reibungsloses Continuous Deployment aufgesetzt.*
- *Wir haben einen enormen Zulauf durch eine neue geniale Pricing-Strategie für Neukunden.*

Negativbeispiel 1
Objective: *Steigerung des Umsatzes auf eine Million Euro.*
Warum ist das problematisch?
- Die Metrik Umsatz ist eher ein „Output" als ein „Outcome" (Nutzen bzw. Wertbeitrag).
- Dieses Objective könnte über mehrere OKR-Zyklen ein Objective sein, jedoch sollten Schwerpunkte gesetzt werden.
- Das Objective sagt zum Beispiel über die Rentabilität nichts aus. Dadurch können schnell Zielkonflikte entstehen und Umsatz könnte auf Kosten der Rentabilität generiert werden.
- In Objectives sollten keine Zahlen vorkommen.

Ein gutes Objective wäre, wenn beispielsweise ein Börsengang ansteht und der Börsenwert erhöht werden soll: *Erzielung von Rekordumsätzen bei steigender Rentabilität.*

Negativbeispiel 2
Objective: *Erreichung der Marktführerschaft.*
Warum ist das problematisch?
- Ist das Ziel innerhalb des OKR-Zyklus erreichbar?
- Es ist nicht klar, wie die Marktführerschaft im Key Result gemessen wird. Was sind die Messkriterien?
- Marktführerschaft – um welchen Preis? Defizitär?
- Die Fragen, welcher Nutzen durch die Marktführerschaft entsteht und warum man Marktführer werden sollte, werden nicht beantwortet.

Ein gutes Objective wäre, wenn beispielsweise die Mitarbeiterfluktuation hoch ist und dadurch enorme Lücken durch Know-how-Verlust und Onboarding-Aufwände entstehen und die Marktführerschaft noch nicht erreicht ist: *Outstanding Mitarbeiterzufriedenheit.* Daraus entsteht mehr Kundenzufriedenheit. Daraus entstehen wiederum eine Umsatzsteigerung und mehr Profitabilität und daraus ggf. auch die Marktführerschaft.

> **Tipp:** Falls sich das Team schwertut, ein Objective zu definieren, ist es manchmal hilfreich, mit einem Key Result zu starten und dann das Objective daraus abzuleiten.

Das Element Key Result

Ein Key Result ist ein quantitatives Schlüsselergebnis – klar aussagend, ob ein Ziel erreicht wurde. Es beschreibt, *wie* wir zum Ziel kommen, also *wie* **wir unser Objective erreichen**. Key Results **konkretisieren ein Objective** und **messen den Fortschritt zum Ziel** (zum Objective). Sie machen das Objective dadurch messbar und beantworten die Frage: **„Woher wissen wir, dass wir dort hinkommen?"** bzw. „Was müssen wir tun, um dort hinzukommen, und wie können wir das messen?" Ein Key Result steigert die Wahrscheinlichkeit, dass das Ziel (Objective) erreicht wird – es lässt sich jedoch damit nicht messen, ob wir schlussendlich **erfolgreich** waren oder nicht. Hierzu muss der Outcome und damit auch das Objective begutachtet werden.

Key Results sind …
- **quantitativ** – jedes Key Result sollte eine Zahl enthalten.
- **wertebasiert** („value based") – sie messen das Ergebnis („Outcome", Nutzen bzw. Wertbeitrag) und sind keine Liste von Tasks bzw. Aufgaben, Arbeitsergebnissen oder Projekten.
- so formuliert, dass sie während bzw. spätestens bis zum Ende des OKR-Zyklus **Ergebnisse** liefern.
- in **kleine Ergebnisse zerlegt** bzw. heruntergebrochen, um schnellstmöglich, innerhalb des OKR-Zyklus, einen Wertbeitrag zu leisten.

Tipp: Um mehr in Richtung „Outcome" zu kommen, fragen Sie sich, warum Sie einen bestimmten Task bearbeiten wollen, welchen Sinn oder Zweck Sie damit verfolgen, welches Problem Sie damit lösen.

Key Results folgen der bereits erwähnten SMART-Logik, das heißt, sie sind spezifisch, messbar, erreichbar, relevant und terminiert (mit einem Endzeitpunkt definiert). Wobei im Kontext von OKR statt „erreichbar" der Begriff **„ambitioniert"** sinnvoller ist. „Terminiert" bezieht sich auf das Ende des OKR-Zyklus, also meist ein Quartal – oder auf einen anderen definierten Zeitpunkt, der dann allerdings vor dem Ende des OKR-Zyklus liegen muss. Für Key Results gibt es folgende Einheiten:

Einheit	Beispiel
Geldwährung	Umsatz und Kosten – in Euro, Schweizer Franken, US-Dollar
Zeitdauer	Bearbeitungszeit, Durchlaufzeit, Fortbildungskontingent – in Wochen, Tagen, Stunden
Stückzahl	Anzahl Bugs, Reklamationen, Interviews, Kundenbesuche, Onboarding Mitarbeitende, Anzahl Abonnenten, Anzahl Kunden
Prozent/ Prozentpunkte	Fehlerquote, Servicelevel

Index	Net Promoter Score (NPS), Cost per Lead (CPL), Bounce Rate, Kündigungsrate (Churn Rate)
Datum	Falls nicht angegeben: Ende des OKR-Zyklus; oder: Einstellen eines neuen Mitarbeiters, Eröffnen einer neuen Filiale

Um die Key Results in den Kontext des Objectives zu setzen, hilft folgender Satz:

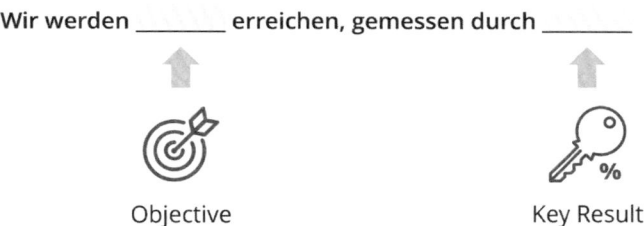

Wir werden _____ erreichen, gemessen durch _____

Objective   Key Result

Abb. 3: OKR-Phrase von Intel

Unterschied zwischen Key Results und Tasks
In der Praxis passiert es schnell, dass Key Results Tasks sind, also den Output und nicht den Outcome beschreiben. **Tasks** oder Aktivitäten führen zum **Fortschritt in den Key Results**. Manche Autoren und Fachleute sagen hierzu **Initiativen** bzw. Initiatives. In diesem Buch verwenden wir den Begriff „Initiativen" im Zusammenhang mit der Strategie als die wesentliche Grundstruktur für die Umsetzung und das Monitoring der Strategie (**strategische Initiativen**). Wir verwenden deshalb

den Begriff „Task" für Aktivitäten, die zum Fortschritt in den Key Results führen.

Für die Scrum-Profis: Gemeint sind Tasks, mit denen wir unser Backlog füllen – mit entsprechenden Akzeptanzkriterien („Acceptance Criterias").

Gute Key Results

Im Folgenden ein Beispiel für gute Key Results – in Form eines kompletten OKR-Sets samt beispielhaften Tasks, um zu verstehen, welches Objective wir mit den Key Results messen wollen, und um den Unterschied zwischen Key Results und Tasks zu verdeutlichen:

- **Situation:** *Wir haben in unserer Kundenbefragung das Feedback bekommen, dass der Bestellvorgang sehr kompliziert und umständlich ist. Kundenbewertungen waren vorwiegend 1 von 5 Sternen.*
- **Objective:** *Unser Bestellprozess liefert ein fantastisches Kundenerlebnis.*
- **Key Result 1:** *Verbesserung des Net Promoter Scores (NPS) von 20 auf 30.*
- **Key Result 2:** *Erhöhung der Micro Conversion Rate des Bestellvorgangs (ab Warenkorb) von 30 Prozent auf über 90 Prozent.*
- **Key Result 3:** *Reduktion der durchschnittlichen Bestelldauer (Warenkorb bis Bestellung abgeschlossen) von drei Minuten auf unter 60 Sekunden.*

- **Task 1:** *Customer Journey analysieren – Uselab durchführen.*
- **Task 2:** *Jobs-to-be-done-Analyse.*
- **Task 3:** *Design-Thinking-Workshop.*
- **Task 4:** *Customer Journey komplett neu gestalten.*
- **Task 5:** *Wireframes und Mock-ups mit Kunden testen.*
- **Task 6:** *Klärung mit Legal, ob Wiederaufnahme des Bestellprozesses mit Warenkorb über E-Mail möglich ist.*
- **Task 7:** *Analyse der User Interface Performance.*

Negativbeispiel 1
Key Result: *Verbesserung des Net Promoter Scores (NPS).*
Warum ist das problematisch?
- Es enthält keine Metriken.
- Es enthält keinen Outcome.

Ein gutes Key Result wäre: Siehe oben, Key Result 1.

Negativbeispiel 2
Key Result: *Analyse des Bestellprozesses.*
Warum ist das problematisch?
- Die Analyse ist ein Task.
- Es enthält keine Metriken.

Ein gutes Key Result wäre: Siehe oben, Key Result 3.

Negativbeispiel 3
Key Result: *Reduktion der durchschnittlichen Bestell-dauer von drei Minuten auf unter 60 Sekunden.*
Warum ist das problematisch?
- Die Bestelldauer ist nicht genau definiert: Ab Produktsuche oder ab Warenkorb?

Ein gutes Key Result wäre: Siehe oben, Key Result 3.

Negativbeispiel 4
Key Result: *Verbesserter Bestellprozess.*
Warum ist das problematisch?
- Es enthält keine Metriken.
- Es bezieht sich auf Output, nicht Outcome.

Ein gutes Key Result wäre: Siehe oben, Key Result 3.

Das OKR-Set
Ein OKR-Set besteht, wie bereits erwähnt, aus einem Objective und mehreren Key Results. Als Key Results werden die relevantesten Erfolgstreiber ausgewählt, das heißt die Ergebnisse mit dem größten Effekt auf die Zielerreichung. Objectives und Key Results kann man sich ähnlich wie Atome vorstellen: Das Objective ist der Atomkern, die Key Results sind die Elektronen – nur zusammen können sie existieren.

Der Verantwortliche für das OKR-Set
Ein OKR-Set hat nur einen Verantwortlichen, der **zuständig** („responsible") und **rechenschaftspflichtig** („accountable") ist. Es wird komplett von einem Team autonom und selbstverantwortlich erarbeitet, bearbeitet und bewertet. Als Verantwortlicher wird der jeweilige Teamlead genannt oder zum Beispiel in einem Squad der PO, in einem Chapter der Chapter-Lead oder in einem Holacracy Circle bzw. Soziokratie-3.0-Kreis der Lead-Link. Für die Unternehmens- oder Top-Level-OKR-Sets zeichnet der **CEO** verantwortlich.

Ein optimales OKR-Set enthält ...
- **unabhängige Key Results**, das heißt, sie beeinflussen sich nicht gegenseitig und sind nicht aufeinander aufbauend oder zeitlich voneinander abhängig.
- Key Results, die die Ergebnisse möglichst nach der **MECE-Methode** („mutually exclusive and collectively exhaustive"), also ohne Überschneidung und vollständig in ihre logischen Dimensionen zerlegen.
- pro Objective **zwei bis max. vier Key Results**. Zu wenige Key Results beschreiben das Objective nicht **vollständig** in seinen logischen Dimensionen. Bei zu vielen Key Results verliert man die Übersicht und es entstehen oft Überschneidungen.

Die Key Results eines OKR-Sets können in manchen Tools **gewichtet** werden. So kann eine Bewertung des gesamten OKR-Sets vorgenommen werden.

Über das Warum zum OKR-Set

Mitarbeitenden fällt es zunächst oft leichter, Tasks zu benennen. Indem man fragt, *warum* **der Task zu bearbeiten ist**, welcher Sinn oder Zweck damit verfolgt wird, welches Problem damit gelöst wird usw., gelangt man Schritt für Schritt zum „Outcome" und kann dadurch die Key Results bzw. Objectives erstellen. Wichtig dabei ist, dass die OKR-Sets kein „business as usual" beschreiben, sondern Schwerpunkte für jeden OKR-Zyklus setzen.

Sobald Objectives dem Warum des Unternehmens widersprechen, stoßen sie meist auf große **Widerstände**. Dann kann der ganze OKR-Ansatz infrage gestellt werden, was zu dessen Scheitern führt. Denn optimale OKR-Sets zu definieren, ist ein **iterativer Lernprozess**, der mit jedem Review besser wird.

> **Goldener Kreis:** Im Grunde sind Objectives nichts anderes als das *Was* aus Simon Sineks Goldenem Kreis: *Was* man erreichen will, das sagen die Objectives, um das *Warum* zu verwirklichen. Die Key Results wiederum beschreiben das *Wie* – wie das *Was* erreicht werden kann.

OKR steht für Objectives and Key Results. Ein Objective ist ein qualitatives Ziel und beschreibt das Was. Ihm sind in einem OKR-Set mehrere Key Results zugeordnet. Das sind messbare Schlüsselergebnisse, die das Wie beschreiben. Tasks führen zum Fortschritt in den Key Results.

1.4 Moonshots und Roofshots

Moonshots und Roofshots sind zwei unterschiedliche **Zielerreichungstypen** im OKR-Prozess.

Moonshots – (fast) unerreichbare Ziele
„Moonshot" wird vor allem von Google im OKR-Prozess verwendet, Moonshots werden auch „10x thinking", „Stretch Goals" oder „extremely ambitious" genannt. Damit sind Ziele gemeint, die unmöglich zu erreichen scheinen – Ziele, die weit über das hinausgehen, was das Team und die Mitarbeitenden für möglich halten. Sie sollen Teams und Mitarbeitende dazu bringen bzw. animieren, ihre **Arbeitsweise zu überdenken**, und sie **aus ihrer Komfortzone herausholen**. Der Begriff „Moonshot" spielt auf die legendäre Ankündigung des US-amerikanischen Präsidenten John F. Kennedy am 25. Mai 1961 an, bis Ende des Jahrzehnts einen Menschen auf dem Mond landen zu lassen und ihn dann wieder sicher zur Erde zurückzubringen.

> **Vorsicht:** Bei falscher, also nicht ganzheitlich durchdachter Anwendung kann der Moonshot-Ansatz zu Problemen führen, wie Überforderung, Demotivation und einer erhöhten Burn-out-Gefahr.

Roofshots – ambitioniert, aber machbar
Roofshots sind immer noch ambitionierte Ziele, die das Team und die Mitarbeitenden aber, im Unterschied

zu den Moonshots, für erreichbar halten – eigentlich **„business as usual"**. Problematisch ist hierbei, dass in alten Lösungsmustern gedacht wird und das Ergebnis entsprechend unzureichend ausfällt.

Zielerreichungsgrade bewerten

Da es sich bei Moonshots und Roofshots um unterschiedliche Zielerreichungstypen handelt, werden die Zielerreichungsgrade unterschiedlich bewertet. Bei **Moonshots gilt ein Zielerreichungsgrad von 60 bis 70 Prozent** bereits als Erfolg – bei **Roofshots hingegen 100 Prozent**. Dies erschwert die eindeutige Beurteilung von Key Results, da man dann bei jedem Key Result festlegen muss, ob es sich um einen Moonshot oder einen Roofshot handelt.

> **Zehnmal so groß:** Die Idee hinter dem Moonshot ist, sich zu überlegen, welche Maßnahmen ergriffen werden müssen, um nicht nur ein zehn Prozent besseres Ergebnis zu erzielen, sondern ein Ergebnis, das zehnmal so groß ist – daher die Bezeichnung „10x thinking". Daraus entstehen völlig neue Ideen und Maßnahmen, auf die man bei dem Ziel einer nur marginalen Verbesserung nicht gekommen wäre.

Was Sie über OKR – Objectives and Key Results – wissen sollten:
- *OKR ist in seinen Anfängen in den 70er-Jahren von Andy Grove bei Intel begründet worden. John Doerr führte OKR 1999 bei Google ein.*

- *OKR ist eine symbiotische Weiterentwicklung verschiedener Zielsetzungsmethoden.*
- *OKR ist die Schlüsselmethode für die Lösung, die im Akronym VUCA enthalten ist: Vision, Understanding, Clarity und Agility.*
- *OKR ist eine Zielsetzungsmethode, ein Zielmanagementsystem, eine Strategieumsetzungsmethode und ein Strategie-Ausführungsinstrument.*
- *Ein Objective ist ein inspirierendes, qualitatives und ambitioniertes Ziel und beschreibt das Was.*
- *Ein Key Result ist ein quantitatives Schlüsselergebnis und Erfolgstreiber und beschreibt das Wie.*
- *Ein OKR-Set besteht aus einem Objective und mehreren dazugehörigen Key Results.*
- *Moonshots und Roofshots sind unterschiedliche Zielerreichungstypen. Moonshots werden unerreichbar, Roofshots ambitioniert, aber erreichbar formuliert.*

30 MINUTEN

Auf welcher Basis werden OKR-Sets erstellt?

Welche Stufen umfasst der Einführungsprozess?

Wie ist der weitere und wiederkehrende Ablauf?

2. Voraussetzungen und Roll-out

OKR schafft Agilität. Doch ist Agilität zugleich eine Voraussetzung für OKR? Diese Frage beantworten wir im folgenden Kapitel. Anschließend zeigen wir eine praxiserprobte Vorgehensweise auf, wie Unternehmen – egal ob traditionell aufgestellt oder agil – auf unterschiedlichen Ebenen, mit unterschiedlichen Zeithorizonten definieren, warum es das Unternehmen gibt, welches Problem gelöst werden soll und vieles mehr – bis auf Jahres- und Quartalsebene. Das ist die Basis für die Erstellung von Unternehmens-OKR-Sets. Mit dem **achtstufigen OKR-Einführungsprozess** garantieren wir einen erfolgreichen Start in den ersten iterativen OKR-Zyklus und durchlaufen diesen grob mit allen erforderlichen Zutaten.

2.1 Leitbild, Strategie und Jahresplanung

Die OKR-Methode ist das „**Schmiermittel" für erfolgreiche agile Teams** und gleichzeitig ein gutes Rezept für den **Transformationsprozess in Richtung Agilität**.

OKR und Agilität
OKR setzt Agilität nicht voraus – es unterstützt Agilität. Die Methode lässt sich auch in Unternehmen anwenden, die nicht agil arbeiten. Diesen hilft sie, sich in Richtung Agilität zu entwickeln.

Agilität ist mit einer enorm flexiblen Geisteshaltung verbunden und befähigt Unternehmen und Mitarbeitende innerhalb kurzer Zeit, Produkte, Dienstleistungen und Geschäftsmodelle neu zu gestalten bzw. diese an sich verändernde Marktanforderungen anzupassen. Die OKR-Methode hilft, auch im Rahmen von agilen Prozessen den **Fokus** und die Ausrichtung zu erhalten und nur diejenigen Aktivitäten auszuführen, die dem Leitbild und der Strategie des Unternehmens entsprechen.

Was gehört zum Leitbild?
Ein Leitbild beschreibt den **strategischen Überbau** eines Unternehmens und legt so die entsprechende **Richtung** fest. Dazu gehören: Purpose, Vision, Mission, Strategie und Werte.

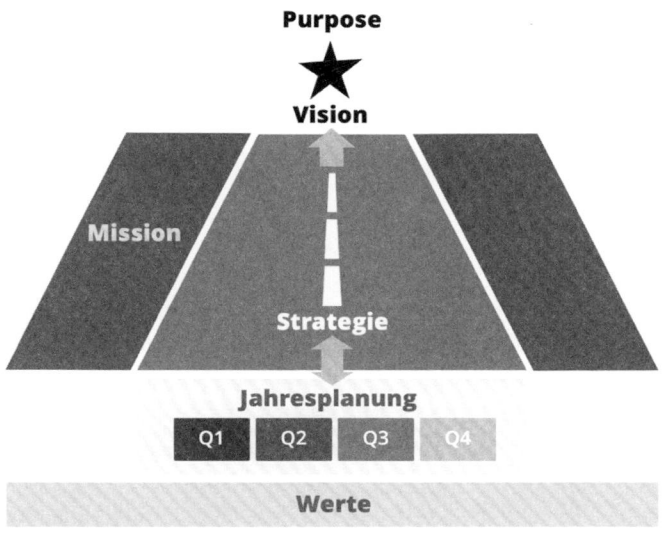

Abb. 4: Purpose, Vision, Mission, Strategie und Werte

Purpose

Der Purpose entsteht aus der Frage: „Warum gibt es uns/das Unternehmen?" bzw. „Wie wollen wir etwas zur Lösung von Problemen in dieser Welt beitragen und wie können wir davon leben?" Das zu definieren, wird immer wichtiger für Unternehmen – nicht zuletzt weil Mitarbeitende, die einen **Sinn** in ihrer Arbeit sehen wollen, dies einfordern. Es wird auch immer wichtiger, um Fluktuation zu vermeiden und neue Talente für das Unternehmen begeistern zu können, insbesondere diejenigen aus den **Generationen Y und Z**. In unserem Musterunternehmen, das Caps und Trikots für Vereine und Clubs bedruckt, ist der Purpose: *„Durch die Identifikation mit dem Verein oder Club wird der Zusammenhalt, das Engagement und die gegenseitige Unterstützung der Mitglieder und Fans gewährleistet."*

Vision
Die Vision ist der **Leitstern des Unternehmens** und beantwortet die Frage, welches Problem das Unternehmen lösen möchte. In unserem Musterunternehmen ist die Vision: *„Your Fashion. Our Passion."*

Mission
Die Mission beschreibt die **Leitplanken auf dem Weg zur Vision**. Sie konkretisiert, wie das Ziel – der Leitstern – erreicht wird, mit der Frage: „Wie werden unsere Produkte und Dienstleistungen die Vision erfüllen können?" In unserem Musterunternehmen ist die Mission: *„Wir liefern unseren Kunden identitätsstiftende Produkte und Dienstleistungen."*

Strategie und Jahresplanung
Die Strategie ist die **Straße auf dem Weg zur Vision**. Daraus lassen sich die **Jahresplanung** und die damit verbundenen strategischen Initiativen ableiten, die wiederum in vier Quartale verteilt werden.

Vorsicht: In puncto Strategie ist es ein häufiger Fehler, die strategischen Initiativen top-down an die Abteilungen und Teams als Projekte vorzugeben. Dadurch ist das Ziel die Umsetzung dieser Projekte und nicht der Outcome, also der Nutzen.

Werte
Dann gibt es noch Werte. **An was glauben wir?** Werte sind ein zentraler Bestandteil der Unternehmenskultur und somit auch eine Lösung für nachhaltige Führung. Sie zeigen sich im Leitbild, aber auch im täglichen Miteinander. In jeder Situation wird so Orientierung gegeben. In unserem Musterunternehmen sind die Werte: *Fairness, Leidenschaft, Kreativität und Initiative.*

Ein Leitbild besteht aus Purpose, Vision, Mission, Strategie und Werten. Im Purpose geht es um die Frage: Warum gibt es uns? Die Vision beantwortet die Frage: Welches Problem will das Unternehmen lösen? Die Mission und die Strategie sind die Leitplanken bzw. die Straße auf dem Weg zur Vision. Werte prägen die Unternehmenskultur und stellen die Frage: An was glauben wir?

2.2 Der achtstufige OKR-Einführungsprozess

Der Prozess zur Einführung von OKR im Unternehmen umfasst die folgenden acht Stufen:

1. Erfolgskriterien definieren

Vor der Einführung von OKR sollten die Erfolgskriterien für die OKR-Implementierung definiert werden. Das heißt, es sollte **festgehalten werden, was man sich von der Einführung von OKR verspricht**.

2. OKR Process Owner benennen

Wir brauchen einen Hauptverantwortlichen, der den OKR-Prozess im Unternehmen vorantreibt und überwacht, analog zum Scrum Master bei Scrum. Der „Objectives & Key Results Master" ist im Wesentlichen der **Prozess-Eigentümer**, weshalb wir ihn „OKR Process Owner", kurz OKR PO, nennen. Andere Fachleute geben ihm andere Namen. Wichtig sind das Rollenverständnis und die Befugnisse vom Top-Management.

3. C-Level-Sponsor benennen

Hinter der Einführung von OKR muss die gesamte Geschäftsleitung stehen, ebenso der gesamte Führungskreis. Um dem Einführungsprojekt die notwendige Bedeutung zu verleihen, sollte einer der **Top-Manager** Pate für das Projekt sein – also ein C-Level-Sponsor. Wichtig ist, dass nicht eine Abteilung, zum Beispiel das Personalwesen, der „Sponsor" ist, sondern eine einzelne Executive-Level-Person.

4. Umfang der initialen OKR-Einführung festlegen

Wenn möglich wird anhand eines **stufenweisen Implementierungsplans** Folgendes definiert:

- Was ist der Umfang des ersten OKR-Einsatzes? Das **gesamte Unternehmen**, eine einzelne **Geschäftseinheit** oder eine einzelne **Abteilung**?
- Wie wird die OKR-Einführung weiter auf das gesamte Unternehmen ausgerollt?
- Wie tief in der Organisation wird OKR eingesetzt? Nur die **Geschäftsleitung**? Oder der **gesamte Führungskreis**? Oder **alle Teams**? Oder sogar bis auf die **Mitarbeiterebene**?

Je nach Unternehmen kann es sinnvoll sein, erst mit einer kleinen Gruppe zu beginnen und den Erfolg in das gesamte Unternehmen zu kommunizieren.

5. OKR-Kadenz festlegen

Es wird entschieden, **wie schnell der OKR-Zyklus durchlaufen wird**, also welche OKR-Kadenz gewählt wird. Dabei gibt es unterschiedliche Vorstellungen, welche Kadenz sinnvoll ist. Einige gehen von drei Monaten aus, manche gar von vier oder sechs Monaten. In unseren Projekten beginnen wir typischerweise mit **drei Monaten** und prüfen später, ob es sogar sinnvoll ist, auf eine Kadenz von zwei Monaten runterzugehen – je nach Branche und damit verbundenen Rahmenbedingungen.

Bei einer zu kurzen Kadenz befürchten die Teams, die Ziele im Laufe eines OKR-Zyklus nicht erreichen zu können. Bei einer zu langen Kadenz geht die Agilität verloren. Die Kunst ist, den **Sweet Spot** herauszufinden.

OKR-Sets müssen immer innerhalb eines OKR-Zyklus erreichbar sein. Sollte ein Objective oder ein Key Result zur Bearbeitung einen längeren Zeitraum benötigen, muss es in kleinere Einheiten heruntergebrochen werden, sodass es innerhalb des OKR-Zyklus erreicht werden kann.

Die ideale Länge finden: Unternehmen, die nach der agilen Methode Scrum arbeiten, können den OKR-Zyklus in Richtung der Sprintlänge anpassen. Bereits sehr agile Unternehmen mit sich schnell verändernden Rahmenbedingungen, die mit Scrum und beispielsweise einer Sprintlänge von ein oder zwei Wochen arbeiten, sollten eher einen kürzeren OKR-Zyklus wählen, zum Beispiel zwei bis drei Monate. Dies gilt auch für Start-ups, insbesondere in der Anfangsphase. Unternehmen, die aufgrund von Rahmenbedingungen eher in Zyklen von mehreren Monaten denken (weil sie beispielsweise Produkte über mehrere Monate planen, entwickeln und launchen), sollten eher einen längeren OKR-Zyklus wählen, zum Beispiel drei bis vier Monate. Zum Start empfehlen wir drei Monate bzw. ein Quartal – das ist auch ein typischer Zyklus im Vertrieb und bei den Finanzen.

6. Meetings aufsetzen

Nun wird festgelegt, welche **Meetings zum OKR-Prozess** aufgesetzt werden. Die Verantwortung für deren Durchführung liegt beim **OKR Process Owner**. Dies beinhaltet: OKR-Planning Meetings, OKR-Review, OKR-Retrospektive, OKR-Weeklys und Daily Huddles – in

Absprache mit den Teams. Auch das Zusammenlegen mit anderen Meetings kann sinnvoll sein, etwa das OKR-Weekly mit einem Scrum-Sprint-Review.

7. OKR-Veröffentlichung

Wie die **OKR-Sets dokumentiert und transparent veröffentlicht** werden, wird auf dieser Stufe festgelegt. Das kann mit sehr einfachen Mitteln geschehen: mit einer PowerPoint-Folie oder einem Excel-Spread-Sheet in einem Shared Folder, einem Google-Docs-Sheet oder einer Wiki- oder Confluence-Seite im Intranet. Es können aber auch **professionelle OKR-Tools** genutzt werden.

8. Interne Kommunikation

Wichtig ist schließlich auch, wie die Einführung des OKR-Prozesses in das Unternehmen kommuniziert, also **nach innen „verkauft"** wird. Das kann über einen Vortrag in einem All-hands passieren, über das Intranet oder auf einem Offsite.

> **Tipp:** Verkaufen Sie die Einführung von OKR nicht als den Heiligen Gral, der alle Probleme Ihres Unternehmens löst – sondern vielmehr als eine Notwendigkeit, so wie Fitness. Fitness ist kein Garant für Gesundheit, aber ohne Fitness wird man früher oder später krank.

Der achtstufige OKR-Einführungsprozess stellt sicher, dass alle wichtigen Voraussetzungen für den OKR-Prozess erfüllt sind: 1. Erfolgskriterien definieren, 2. OKR Process Owner benennen, 3. C-Level-Sponsor benennen, 4. Umfang der initialen OKR-Einführung festlegen, 5. OKR-Kadenz festlegen, 6. OKR-Meetings aufsetzen, 7. OKR-Veröffentlichung, 8. Interne Kommunikation.

2.3 Das OKR-Framework und der OKR-Prozess

Das OKR-Framework, also das Vorgehensmodell, bzw. der OKR-Prozess beginnt am Anfang eines OKR-Zyklus, genauer gesagt kurz vor Beginn eines OKR-Zyklus, mit der Planungsphase.

Planungsphase

Im Rahmen der Planungsphase, in den sogenannten **OKR-Plannings**, werden OKR-Sets erstellt. Dies erfolgt zunächst durch die Geschäftsleitung bzw. das Führungsteam auf **Unternehmensebene** (s. Kap. 3.1). Dann erstellen die **Abteilungen** ihre OKR-Sets und auf dieser Basis dann die **Teams** (top-down, s. Kap. 3.2). Parallel findet eine **horizontale Abstimmung** zwischen den Abteilungen und Teams statt (s. Kap. 3.4). Ergänzend dazu können Teams Ideen für OKR-Sets den Abteilungen und der Geschäftsleitung bzw. dem Führungsteam vorschlagen (bottom-up, s. Kap. 3.3). OKR bringt auf diese Weise die Geschäftsleitung bzw. das Führungsteam sowie jede Abteilung und jedes Team dazu, sich regelmäßig zusammenzusetzen, um zu besprechen, ob sie Erfolg haben und wie sie diesen Erfolg messen.

Ausführungsphase

Während der Ausführungsphase des OKR-Zyklus wird an der eigentlichen **Zielerfüllung** gearbeitet und – vergleichbar mit einen Sprint bei Scrum – der Fortschritt gemessen und beobachtet. Dazu finden sowohl tägliche als auch wöchentliche Check-in-Meetings statt. Die täglichen Stand-up-Meetings werden **Daily Huddles** genannt. Die wöchentlichen Besprechungen werden **OKR-Weekly** genannt.

Sollten völlig unerwartete Ereignisse eintreten, können auch in der Ausführungsphase außerordentliche OKR-Plannings stattfinden und neue OKR-Sets erstellt werden. Mehr zum Daily Huddle und OKR-Weekly in Kapitel 4.

Abschlussphase

Nach Ende des OKR-Zyklus werden in der Abschlussphase die OKR-Sets in **OKR-Reviews** gemessen und begutachtet. Zudem wird der OKR-Prozess in **OKR-Retrospektiven** begutachtet und optimiert. Mehr dazu in Kapitel 5.

Tipp: Da sich die OKR-Planungs- und -Abschlussphase überschneiden, finden diese Besprechungen fast zeitgleich statt. Wir empfehlen jedoch dringend, die OKR-Reviews und -Retrospektiven *vor* der Finalisierung der neuen OKR-Sets abzuhalten. Damit können Erkenntnisse und Learnings inhaltlicher und methodischer Art bereits in die neuen OKR-Sets einfließen.

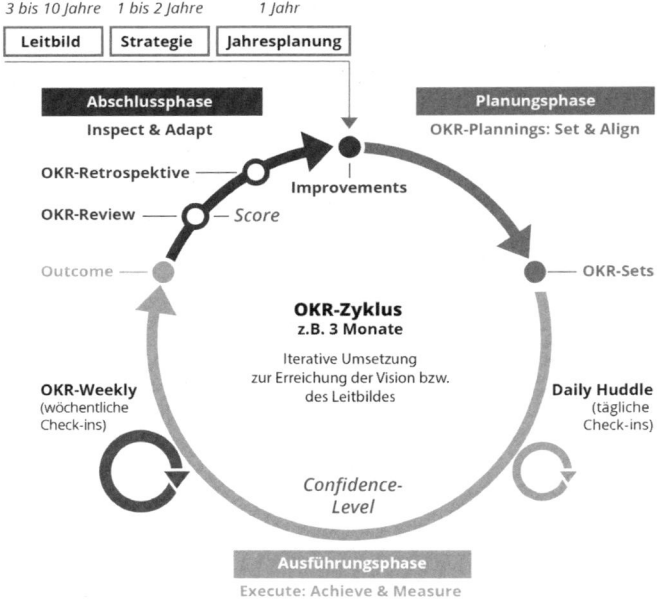

Abb. 5: Der OKR-Zyklus

OKR-Heartbeat

Der OKR-Zyklus wird in der festgelegten Kadenz itera-tiv wiederholt und deshalb auch **„OKR-Heartbeat"**, also OKR-Pulsschlag genannt.

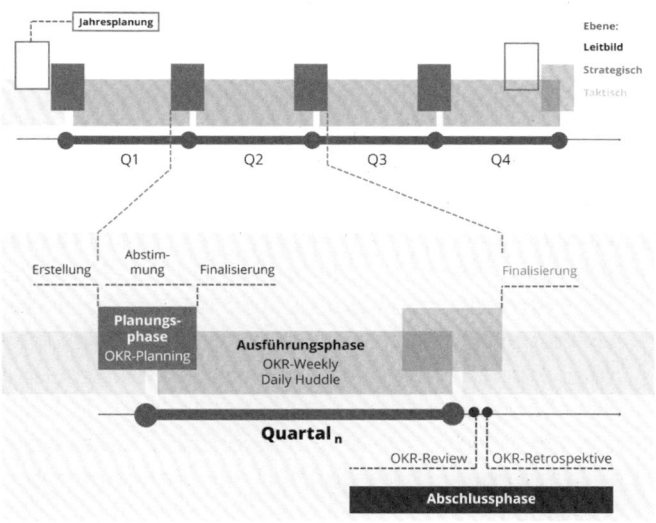

Abb. 6: Der OKR-Heartbeat

Der Mensch steht im Mittelpunkt

Im **Agilen Manifest** heißt es: **„Individuals and Inter-actions over Processes and Tools."** Auch im Zusam-menhang mit OKR, insbesondere bei der Einführung von OKR, ist es wichtig, dass der Mensch im Mittel-punkt steht. Individuen und Interaktionen sind bei der Einführung und Anwendung dieser Methode wichtiger als Prozesse und Werkzeuge. Das soll nicht heißen, dass die OKR-Prozesse und -Tools unwichtig sind, sondern vielmehr, dass es darum geht, die Menschen, die Kolleginnen und Kollegen, wertschätzend abzuholen und auf die OKR-Reise mitzunehmen.

Was Sie über den Roll-out des OKR-Prozesses und die Voraussetzungen wissen sollten:
- *OKR setzt Agilität nicht voraus, sondern OKR unterstützt Unternehmen vielmehr dabei, sich in Richtung Agilität zu entwickeln.*
- *OKR ist das „Schmiermittel" für erfolgreiche und agile Teams.*
- *OKR unterstützt Agilität. Agilität führt zur iterativen und effektiven Neugestaltung und Optimierung von Produkten, Dienstleistungen und Geschäftsmodellen.*
- *Die OKR-Sets sollten so formuliert sein, dass sie am Ende auf das Leitbild des Unternehmens einzahlen.*
- *Ein Leitbild besteht aus Purpose (Warum gibt es uns?), Vision (Leitstern des Unternehmens), Mission (Leitplanken auf dem Weg zur Vision), Strategie (Straße auf dem Weg zur Vision) und Werten.*
- *Der praxiserprobte achtstufige OKR-Einführungsprozess stellt sicher, dass alle wichtigen Voraussetzungen erfüllt sind, um in den OKR-Prozess einzusteigen.*

- *Das OKR-Framework beschreibt das Vorgehensmodell im OKR-Prozess. Es gliedert sich in drei Phasen: Planungs-, Ausführungs- und Abschlussphase.*
- *In der Planungsphase werden die OKR-Sets auf Unternehmens-, Abteilungs- und Teamebene erstellt.*
- *Während der Ausführungsphase im OKR-Zyklus wird an der eigentlichen Zielerfüllung gearbeitet.*
- *Nach Ende des OKR-Zyklus werden in der Abschlussphase die OKR-Sets und der OKR-Prozess begutachtet.*

„Individuals and Interactions over Processes and Tools." Dieses Prinzip gilt auch im Zusammenhang mit OKR. Der Mensch steht immer im Mittelpunkt.

30 MINUTEN

Welche Methoden unterstützen bei der Erstellung der Top-Level-OKR-Sets?

Seite 50

Wie werden die OKR-Sets auf traditionelle Art unternehmensweit erstellt?

Seite 58

Wie werden die OKR-Sets auf innovative Weise und intrinsisch motiviert erstellt?

Seite 61

3. Die OKR-Planungsphase

Die OKR-Planungsphase („Planning Phase"), die immer kurz vor Beginn des OKR-Zyklus startet, ist ein zentraler Aspekt der OKR-Methodologie. In diesem Kapitel zeigen wir detailliert die Vorgehensweise. In Besprechungen, den OKR-Plannings, werden die OKR-Sets erstellt. Die OKR-Plannings sind abgeschlossen, wenn alle OKR-Sets auf Unternehmens-, Abteilungs- und Teamebene definiert, verhandelt, dokumentiert und veröffentlicht sind und ein entsprechendes Commitment entstanden ist. Durch den Beginn der OKR-Plannings vor dem OKR-Zyklus wird gewährleistet, dass alle Mitarbeitenden möglichst früh im Zyklus ihre Ziele kennen. Der **OKR-Planning-Prozess** kann unter Umständen viel Zeit in Anspruch nehmen. Aber jede Minute des Einsatzes ist wertvoll, denn es werden dabei nicht nur die OKR-Sets festgelegt, sondern – und das ist das Spannende dabei – es werden **Diskussionen angestoßen**, insbesondere wenn der **Moonshot-Ansatz** zur Anwendung kommt.

3.1 Erstellung der Top-Level-OKR-Sets

Da am Ende alle OKR-Sets in das Leitbild und die Strategie des Unternehmens einzahlen sollen, beginnt der OKR-Planning-Prozess typischerweise in der Geschäftsleitung bzw. im Führungsteam. Hier werden die Unternehmens- bzw. Top-Level-OKR-Sets erstellt, für die der **CEO verantwortlich** zeichnet.

Von der Jahresplanung zu den Objectives

Am Ende des Jahres – spätestens Ende November – erstellt die Geschäftsleitung bzw. das Führungsteam die **Jahresplanung** auf der Grundlage des Leitbilds und der Strategie. Basierend auf den wichtigsten Prioritäten der Jahresplanung definiert die Geschäftsleitung bzw. das Führungsteam dann in einem OKR-Planning-Workshop die Top-Level-OKR-Sets **für den ersten OKR-Zyklus des Kalenderjahres**. Zudem können hier Vorschläge von den Teams bzw. Mitarbeitenden eingeholt werden.

Unterjährig erstellt die Geschäftsleitung bzw. das Führungsteam die Top-Level-OKR-Sets vor dem Start des neuen OKR-Zyklus ebenso auf Basis der Jahresplanung. Dabei werden sowohl die Jahresplanung als auch die Strategien (Vertriebsstrategie, Produktstrategie ...) nochmals auf Aktualität geprüft, um die Agilität nicht zu verlieren. Auch hier können Vorschläge von den Teams bzw. Mitarbeitenden eingeholt werden.

Die OKR-Sets beinhalten **strategische Objectives**. Diese können strategische Initiativen sein, Ausführungsaspekte, spezielle Maßnahmen auf Mitarbeiter- oder Führungsebene sowie finanzielle Maßnahmen – je nachdem, was der Schwerpunkt für den anstehenden OKR-Zyklus ist. Manche Unternehmen, wie Google, definieren neben den Top-Level-OKR-Sets für den anstehenden OKR-Zyklus auch **strategische Jahres-OKR-Sets** für das Unternehmen.

Hilfreiche Methoden

Zum Erarbeiten von Top-Level-Objectives nutzen wir drei bewährte Methoden: die **5-Forces-Analyse**, die **SWOT-Analyse** sowie die **OMTM-Methode**. Alle drei lassen sich bei Unternehmen, die schon etwas länger auf dem Markt sind, sehr gut einsetzen. Für Start-ups eignen sich eher die SWOT-Analyse und OMTM.

- Die **5-Forces-Analyse** (dt. „Branchenstrukturanalyse"), die Michael Porter entwickelt hat, bietet ein Analyseraster, mit dem die Struktur einer Branche und die Wettbewerbssituation systematisch untersucht werden können.
- Die **SWOT-Analyse** bezieht sich auf **S**trengths, **W**eaknesses, **O**pportunities und **T**hreats, also Stärken, Schwächen, Chancen und Risiken bzw. Gefahren. Auf Basis dieser Positionsbestimmung können sehr schnell im Rahmen von OKR-Plannings potenzielle Objectives erkannt werden.

- Bei der **OMTM-Methode**, die Alistair Croll und Benjamin Yoskovitz in ihrem Buch „Lean Analytics. Use Data to Build a Better Startup Faster" beschreiben, steht OMTM für „**O**ne **M**etric **t**hat **M**atters" und stellt eine Zahl oder Metrik dar, die für den nächsten OKR-Zyklus von zentraler Bedeutung ist, zum Beispiel die Erhöhung des monatlichen Umsatzes (Metrik: Umsatz), das Halten aller Top-Mitarbeiter (Metrik: Fluktuation) oder keine Kundenabgänge (Metrik: Kündigungsquote/Churn Rate). Auf Basis dieser Zahl erarbeitet die Geschäftsleitung bzw. das Führungsteam die Top-Level-Objectives.

Tipp: Vorschläge für Top-Level-OKR-Sets können auch von den Teams bzw. Mitarbeitenden eingeholt werden – dies ist ein sehr spannender Prozess.

„Schwarze Schwäne"

Auch völlig unerwartete Ereignisse können OKR-Aktivitäten auslösen. Die Metapher des „schwarzen Schwans" nutzte Nassim Nicholas Taleb 2007 in seinem gleichnamigen Buch, um Ereignisse zu beschreiben, die drei Kriterien erfüllen: Es sind **Ausreißer**, sie haben **extreme Folgen** und sie werden **ex post erklärt**, das heißt im Nachhinein. Beispiele hierfür sind die Finanzkrise 2008/2009, 9/11 und nun auch die Covid-19-Pandemie, deren Nachwirkungen wir wahrscheinlich noch viele Jahre spüren werden. Die Art von Krisen kommen häufiger vor als angenommen. Sie sind nicht vorhersehbar, denn sie liegen **außerhalb des Risikofokus**.

Zudem ergeben sich immer wieder aufgrund von Marktdynamiken, Disruptionen und sonstigen Herausforderungen Chancen und Risiken. OKR hilft in solchen Situationen, den **Fokus auf die Potenziale** zu legen und damit auch den Mitarbeitenden eine klare Ausrichtung und vor allem Zuversicht zu geben.

Wie geht es weiter?

Die Top-Level-OKR-Sets werden **in das Unternehmen kommuniziert** – am besten drei Wochen vor dem neuen OKR-Zyklus. Damit wird der **OKR-Planning-Prozess im gesamten Unternehmen** angestoßen, der sich meist zeitlich in den OKR-Zyklus hineinzieht, bis er final abgestimmt, verhandelt, abgeschlossen und vollständig dokumentiert ist.

Basis für die Erstellung aller OKR-Sets ist das Leitbild, insbesondere die wichtigste strategische Priorität aus der Jahresplanung. Weitere Möglichkeiten zur Erstellung von OKR-Sets sind die 5-Forces-Analyse, die SWOT-Analyse und die OMTM-Methode. Außergewöhnliche Ereignisse, („schwarze Schwäne") können neue OKR-Plannings auslösen, auch Teams bzw. Mitarbeitende können OKR-Sets vorschlagen.

3.2 Der Top-down-Ansatz

Das OKR-Planning macht nicht auf der Unternehmensebene halt. **Jede Abteilung und jedes Team** soll seine eigenen OKR-Sets erhalten bzw. erstellen. Hierzu gibt es verschiedene Ansätze, die wir in diesem und den folgenden Kapiteln erläutern.

Wie funktioniert top-down?

Beim klassischen Top-down-Ansatz, der auf dem **Wasserfallprinzip** basiert, werden die **Ziele von oben nach unten weitergegeben**, das heißt, die Key Results der Top-Level-OKR-Sets werden an die Abteilungen und Teams weitergegeben, die hierzu ihren Beitrag leisten können. Dies kann entlang der Unternehmenshierarchie auch in einem One-Way-Prozess mehrstufig geschehen, also kaskadiert werden, bis auf die Mitarbeiterebene. In diesem Zusammenhang wird auch von **strikter Kaskadierung** („Strict Cascading") gesprochen.

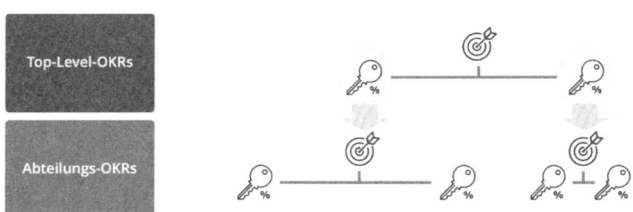

Abb. 7: Der Top-down-Ansatz

Kaskadierung am Beispiel des Musterunternehmens
Werfen Sie jetzt noch einmal einen Blick auf das **OKR-Set unseres Musterunternehmens in Kapitel 1.3**. Das Key Result 1 (*Auswerten von 500 Antworten aus Kundenbefragung*) würde die Geschäftsleitung bzw. das Führungsteam zum Beispiel der Abteilung Bestandskundenmanagement geben, das Key Result 2 (*Hypothesen zur Maßnahmenerarbeitung auf Basis von 15 Interviews*) der Abteilung IT-Produktentwicklung. Diese Abteilungen müssten sich dann OKR-Sets auf Basis des jeweiligen zugewiesenen Key Results überlegen.

Im **Bestandskundenmanagement** könnte dies wie folgt aussehen:

- **Objective:** *Wir haben eine außerordentliche Online-Kundenbefragung ausgewertet, um ein klares Verständnis für die Zufriedenheitstreiber unserer Bestandskunden zu gewinnen.*

- **Key Result 1:** *Wir haben 500 Fragebögen von Kunden ausgewertet, die mindestens 80 Prozent der Fragen beantwortet haben.*

  Key Result 2: *Wir haben die Customer-Experience-Daten (Heatmap, IT-Performance/Incidents, Produktverfügbarkeit) der 20 am meisten unzufriedenen Kunden mit den Antworten der Fragebögen abgeglichen.*

- **Task 1:** *Brainstorming für Ausführung der Kundenumfrage, zum Beispiel Challenge, Anreize/Preise überlegen.*

- **Task 2:** *Recherche zu den neuesten psychologischen Studien zu Kundenbefragungen.*

In der **IT-Produktentwicklung**, in der vermutet wird, dass der Bestellvorgang sehr kompliziert und umständlich ist, könnte das OKR-Set wie folgt aussehen:

- **Objective:** *Unser Bestellprozess liefert ein fantastisches Kundenerlebnis.*
- **Key Result 1:** *Wir haben über Use-Lab-Workshops mit den umsatzstärksten abgesprungenen Kunden zehn Optimierungsmaßnahmen identifiziert.*
- **Key Result 2:** *Wir haben über zehn A/B-Tests im Bestellprozess die Kundenbewertung von 1,5 Sterne auf 4 Sterne gesteigert.*
- **Task 1:** *Analyse aller Micro Conversion Rates mit Google Analytics.*
- **Task 2:** *Aufbau eines Use-Labs mit Fragen.*
- **Task 3:** *Konzeption und Implementierung von zehn A/B-Tests.*

Exkurs: Sollte ein Unternehmen in Squads und Chapters (Spotify-Modell) oder in Circles bzw. Kreisen (Holacracy-Modell oder Soziokratie 3.0) organisiert sein, werden die Top-Level-OKR-Sets herangezogen und dann die Key Results den Squads, Circles oder Kreisen weitergegeben, die hierzu beitragen können – also ebenfalls ein Top-down-Ansatz. Es kann auch sinnvoll sein, OKR-Sets auf Chapter-Ebene zu definieren. Hierbei muss jedoch darauf geachtet werden, dass keine Interessenskonflikte zwischen dem Chapter-Member und dem jeweiligen Squad auftreten.

Top-down ist nicht agil
Der Top-down-Ansatz entspricht nicht den agilen Prinzipien. Er basiert eher auf dem Taylor'schen Ansatz des Industriezeitalters, dem sogenannten autoritären oder transaktionalen Führungsstil bzw. der Theorie-X-Führungsphilosophie, bei der Mitarbeitende durch Anweisung und Kontrolle („Command and Control") geführt werden. Trotzdem kann der Top-down-Ansatz bei der Einführung von OKR in Unternehmen hilfreich sein, insbesondere in **Unternehmen, die (noch) stark hierarchisch geprägt sind** und eher einen autoritären, transaktionalen als einen kooperativen, transformationalen Führungsstil pflegen.

Unsere Erfahrung zeigt aber, dass es beim reinen Top-down-Ansatz oft relativ lange dauert, Ausrichtung, Effektivität und Performance in einer gewünschten Art und Weise auf die Spur zu bringen. Ebenso können bei einzelnen Mitarbeitenden oder ganzen Teams Widerstände ausgelöst werden – oft wegen des **Not-invented-here-Syndroms** (abwertende Nichtbeachtung von bereits existierendem Wissen außerhalb der Unternehmen) oder wegen der fehlenden Sinnhaftigkeit der Maßnahme bzw. Initiative.

> **Hinweis:** Eine Kaskadierung bis auf Mitarbeiterebene empfehlen wir grundsätzlich nicht, da hierdurch der Teamgeist verloren gehen kann. Für einzelne Mitarbeitende sind eigene OKR-Sets zur Orientierung sowie für ein „Self-Reporting" jedoch hilfreich.

Den größten Effekt bei der OKR-Methodik erzielt man, wenn alle Abteilungen und Teams OKR-Sets erstellen. Der klassische Kaskadierungsansatz „top-down" im OKR-Prozess entspricht nicht den agilen Prinzipien und ist daher nur in Ausnahmefällen zu empfehlen.

3.3 Der Bottom-up-Ansatz

Beim (klassischen) **Bottom-up-Prozess** definieren die Abteilungen und Teams ihre OKR-Sets auf Basis der Top-Level-OKR-Sets selbst – also nicht nach dem Push, sondern nach dem **Pull-Prinzip**. Über die Top-Level-OKR-Sets bekommen die Abteilungen und Teams eine klare Ausrichtung und ein Verständnis für den Fokus im anstehenden OKR-Zyklus. Sie können sich nun selbst überlegen, was sie dazu beitragen können und wollen, um die Ziele zu erreichen. Damit wird eine **intrinsische Motivation** aktiviert. Ebenso können dadurch Impulse entstehen, um die Top-Level-OKR-Sets noch mal zu optimieren.

Wie funktioniert bottom-up?

Die Abteilungen und Teams begutachten nicht, wie beim Top-down-Ansatz, nur die Key Results, sondern **die OKR-Sets in Gänze**. Sie leiten daraus ihre eigenen OKR-Sets ab. Abteilungs- und Team-OKR-Sets können auch einfach eine Teilgröße von etwas sein, das in den Top-

Level OKR-Sets enthalten ist. Beispiel: *Das Unternehmen möchte 10.000 neue Kunden gewinnen – mein Team verpflichtet sich, mit entsprechenden Maßnahmen, die das Team gut beisteuern kann, für 3.000 Kunden zu sorgen.*

Die Abteilungs- bzw. Team OKR-Sets werden entlang der Hierarchieebene **von unten nach oben präsentiert, verhandelt und vereinbart**. So werden zuletzt die Abteilungs-OKR-Sets, insbesondere die Objectives, der Geschäftsleitung bzw. dem Führungsteam präsentiert und mit diesem verhandelt und vereinbart.

Der Bottom-up-Prozess entspricht den agilen Prinzipien. Im Rahmen einen solchen Prozesses spielt eine OKR-Software bzw. ein -Tool seine wahre Stärke aus.

> **Experimentelle OKR-Sets:** Wenn Abteilungen und Teams selbst OKR-Sets erstellen, die lokale, abteilungs- oder teamrelevante Themen oder Ideen verfolgen und nicht direkt in die Top-Level-OKR-Sets einzahlen, dann spricht man von experimentellen OKR-Sets. Wichtig dabei ist, dass diese OKR-Sets zum Leitbild und ggf. auch zur Strategie passen. Experimentelle OKR-Sets schaffen Raum für Innovation – es kann dabei durchaus um Hypothesen oder Wetten gehen, die man auf völlig neue Ideen abschließt. Manche Teams, zum Beispiel in einem Innovation Lab, haben sogar nur experimentelle OKR-Sets. Wichtig ist hier eine gesunde Fehlerkultur im Unternehmen. Dies setzt natürlich viel Eigenmotivation und Eigenverantwortung voraus. Gleichzeitig ermöglicht es Freiheitsgrade, Gestaltungsfreiräume und Handlungsspielräume. Das wird für Unternehmen, insbesondere mit Mitarbeitenden der Generation Y und Z, immer wichtiger.

Ein paralleler Prozess

OKR-Sets sollten in einem parallelen Prozess top-down und bottom-up definiert werden – idealerweise **40 Prozent der OKR-Sets top-down und 60 Prozent bottom-up**. Dies ist eine sehr ambitionierte Zahl und sie wird in den meisten Unternehmen erst im Laufe eines längeren Prozesses und mit einer guten Begleitung durch den OKR Process Owner erreichbar sein.

Um festzustellen, inwieweit OKR-Sets bereits bottom-up definiert werden können, prüfen wir im Rahmen unserer Beratungsprojekte die **OKR-Readiness** sowie die **Agile-Readiness** und analysieren, welche Möglichkeiten bestehen, das Unternehmen in eine humanistische Organisationsform zu transformieren. Denn OKR **verbessert den Management- bzw. Führungsstil** und wird so zum **Schmiermittel für die Transformation in Richtung Agilität**.

Beim klassischen Bottom-up-Prozess definieren Abteilungen und Teams ihre OKR-Sets selbst – nach dem Pull-Prinzip. Insgesamt sollten OKR-Sets ungefähr zu 40 Prozent top-down und zu 60 Prozent bottom-up definiert werden, abhängig von der aktuellen Organisationsform, der OKR-Readiness und der Agile-Readiness.

3.4 Horizontale Abstimmung

OKR-Sets **kaskadieren** oft nicht gut bzw. ausreichend. Vielmehr müssen sie zwischen Abteilungen („cross department") und Teams („cross team alignment") abgestimmt werden. Falls ein Unternehmen noch in **Fachabteilungen**, also Fachsilos, organisiert ist, ist die **Abstimmung von OKR-Sets** bzw. die gegenseitige **Unterstützung** von Abteilungen und Teams sehr wichtig.

Exkurs: Sollte ein Unternehmen in Squads (Spotify-Modell) oder in Circles bzw. Kreisen (Holacracy-Modell oder Soziokratie 3.0) organisiert sein, ist die horizontale Abstimmung weniger wichtig, da die Teams dann schon relativ autark arbeiten. Eventuell ist hier die Unterstützung von anderen Squads, Circles oder Kreisen erforderlich.

Wie funktioniert die Abstimmung?

Abteilungen bzw. Teams können auf andere Abteilungen und Teams zugehen und um Unterstützung bitten (**Push-Prinzip**). Ebenso können Abteilungen bzw. Teams anderen Abteilungen und Teams die Unterstützung anbieten (**Pull-Prinzip**). Gleiches gilt für einzelne Experten. Auch für die Abstimmung, Ausrichtung und Dokumentation der Abhängigkeiten von OKR-Sets zwischen Abteilungen bzw. Teams kann eine **OKR-Software** bzw. ein -Tool eine tragendende Rolle spielen.

Der horizontale Abstimmungsprozess läuft **parallel zum Top-down- bzw. Bottom-up-Prozess**.

Horizontale Abstimmung am Beispiel des Musterunternehmens

In folgendem Beispiel bekommt die Produktabteilung unseres Musterunternehmens Unterstützung von der Marketingabteilung.

Hier das **OKR-Set der Produktabteilung**:

- **Objective:** *Unsere Kunden kaufen unser Sortiment an Schwimmanzügen mit großer Begeisterung.*
- **Key Result 1:** *Wir gewinnen die Auszeichnung „Bestes Produkt im Sportbereich" auf der Veranstaltung der Deutschen Sporthilfe.*
- **Key Result 2:** *Wir erscheinen im Gartner-Magic-Quadrant im Bereich der Schwimmanzüge.*

Die **Unterstützung der Marketingabteilung** äußert sich nun darin, dass das Key Result 1 der Produktabteilung zum Objective der Marketingabteilung wird:

- **Objective:** *Wir gewinnen die Auszeichnung „Bestes Produkt im Sportbereich" auf der Veranstaltung der Deutschen Sporthilfe.*
- **Key Result 1:** *Wir haben Werbung in Sport-Online-Magazinen platziert mit daraus resultierenden 500 Bestellungen mit einer Cost per Order (CPO) kleiner 1,50 Euro.*
- **Key Result 2:** *Wir haben ein Presse-Event in der Olympiahalle in München während den Deutschen Schwimmmeisterschaften durchgeführt mit Veröffentlichungen*

in Sport-/Textil-Fachmagazinen mit einer Reichweite von insgesamt 500.000 Lesern (IVW-geprüft).
- **Key Result 3:** *Wir haben Interviews mit Influencern im Schwimmbereich durchgeführt, die auf ihren Instagram-Kanälen Storys mit einer Reichweite von insgesamt einer Million Followern gepostet haben.*

Was Sie über die Planungsphase wissen sollten:

- *Basis für die Erstellung aller OKR-Sets sind das Leitbild und die wichtigsten strategischen Prioritäten aus der Jahresplanung. Die 5-Forces-Analyse, die SWOT-Analyse und die OMTM-Methode können bei der Erstellung von OKR-Sets helfen.*
- *Jede Abteilung und jedes Team sollte eigene OKR-Sets erstellen. OKR-Sets auf Mitarbeiterebene sind nicht zu empfehlen.*
- *Experimentelle OKR-Sets werden von Abteilungen und Teams unabhängig von Unternehmens-OKR-Sets definiert.*
- *OKR-Sets sollten ungefähr zu 40 Prozent topdown und zu 60 Prozent bottom-up definiert werden – abhängig von der aktuellen Organisationsform.*
- *Die horizontale Abstimmung von OKR-Sets zwischen Abteilungen und Teams ist von zentraler Bedeutung.*
- *OKR-Software hilft insbesondere bei der Dokumentation von Abhängigkeiten und Alignments.*

30 MINUTEN

Wie wird die Erreichung von Zielen bewertet?

Seite 66

Wie findet eine tägliche Abstimmung statt?

Seite 70

Wie findet eine wöchentliche Abstimmung statt?

Seite 72

4. Die OKR-Ausführungs-phase

Während der Ausführungsphase („Execution Phase")
des OKR-Zyklus wird an der eigentlichen **Zielerfüllung
gearbeitet** und der **Fortschritt gemessen und beobachtet**. Dazu finden sowohl tägliche Check-in-Meetings,
die Daily Huddles, als auch wöchentliche Besprechungen, die OKR-Weeklys, statt.

4.1 Bewertung der Zielerreichung

Um das Wesen von Objectives and Key Results noch besser zu verstehen, ist es wichtig, nachzuvollziehen, wie die Zielerreichung bewertet wird.

Der Zielerreichungsgrad

Bei einem **Key Result** ist eine simple **Ja- oder Nein-Beurteilung** möglich: Wurde das Ziel erreicht oder nicht? Lautet ein Key Result beispielsweise: *„Erhöhung der Micro Conversion Rate des Bestellvorgangs (ab Warenkorb) von 30 auf über 90 Prozent durch eine fantastische Customer Journey"*, dann ist das Ziel erfüllt, wenn die Micro Conversion Rate auf mindestens 90 Prozent erhöht ist. Andernfalls ist das Ziel nicht erfüllt.

Nehmen wir jedoch an, die Erhöhung beträgt 78 Prozent. Dann wurde zwar das gesteckte Ziel nicht erreicht, es wurden aber Fortschritte erzielt. Somit ist ein gewisser Erfolg zu verzeichnen. Um dieser Tatsache gerecht zu werden, werden die Ergebnisse anhand des **Erreichungsgrades** (engl. **„Score"**) auf einer Prozentskala bewertet, die von 0 bis 100 Prozent bzw. von 0 bis 1,0 geht. Die Erhöhung der Micro Conversion Rate von 30 auf 78 Prozent im Beispiel entspricht einem Erreichungsgrad bzw. Score von 0,8. Eine Erhöhung auf 54 Prozent entspricht einem Erreichungsgrad bzw. Score von 0,4.

Abb. 8: Score mit Zahlen aus dem Beispiel

Die Bewertung wird am Ende des OKR-Zyklus im Rahmen des OKR-Reviews in einem Status- und Auswertungsmeeting vorgenommen (mehr dazu in Kap. 5.1).

Die OKR-Ampel

Der Erreichungsgrad bzw. Score wird in drei Bereiche aufgeteilt und den Ampelfarben Rot, Gelb, Grün zugeordnet. Deshalb spricht man auch von der OKR-Ampel:

- **Grün** steht für die Erreichung eines Key Results nach dem Motto „Wir haben geliefert" – **zwischen 0,7 und 1,0**. Ab 0,7 gilt das Ziel als erreicht. Hier gilt das berühmte Zitat von John Doerr: „70 Percent is the new 100 Percent."
- **Gelb** steht für die teilweise Erreichung nach dem Motto „Wir haben Fortschritte gemacht, konnten es aber nicht ganz schaffen" – **zwischen 0,4 bis 0,69**.
- **Rot** steht für die Nicht-Erreichung nach dem Motto „Wir haben es nicht geschafft, echten Fortschritt zu machen" – **zwischen 0 bis 0,39**.

Bei Gelb und Rot sollte analysiert werden, warum das Ziel nicht erreicht wurde.

Bei unserem Beispiel ergäbe die erreichte Erhöhung der Micro Conversion Rate auf 78 Prozent einen Score von 0,8, sie läge damit im grünen Bereich. 54 Prozent wären im gelben Bereich.

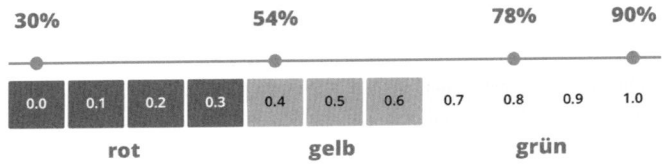

Abb. 9: OKR-Ampel mit Zahlen aus dem Beispiel

Die Bewertung der Zielerreichung ist viel mehr als nur die Bewertung der einzelnen Key Results – **auch das Objective muss möglichst objektiv und qualitativ bewertet werden**.

„Failure is an option"

Von traditionellen Zielsystemen sind wir es gewohnt, dass wir 100 Prozent erreichen oder gar übererfüllen müssen. In der OKR-Methodik ist es völlig in Ordnung, 70 Prozent bzw. 0,7 zu erreichen. Dabei ist wichtig, dass das Unternehmen eine **gesunde Fehlerkultur** hat und es akzeptiert wird, dass ein Ziel auch verfehlt werden darf. Denn die **Ziele sind sehr ambitioniert**. Das gilt auch für die Micro Conversion Rate von über 90 Prozent in unserem Beispiel.

Confidence-Level

Auch in den wöchentlichen OKR-Status-Besprechungen (s. Kap. 4.3) kann der Score nach dem Ampelsystem betrachtet werden. Am Anfang eines OKR-Zyklus zeigt die Ampel aber immer Rot, da noch kein oder kein großer Fortschritt zu verzeichnen ist. Aus diesem Grund ist es in dieser Phase viel wichtiger, die Einschätzung bzw. den sogenannten Confidence-Level zu beobachten. Dieser gibt an, **wie hoch die Wahrscheinlichkeit, also die Zuversicht ist**, am Ende des OKR-Zyklus (bzw. zum evtl. im Key Result definierten früheren Zeitpunkt) **ein Ergebnis von 0,7 oder besser zu erreichen**.

Da dies eine **rein subjektive Einschätzung** ist, werden den in Prozent definierten Confidence-Level-Werten in der Praxis entsprechende Beschreibungen zugeordnet, beispielsweise:

- **0 Prozent: not started – noch nicht gestartet.**
- **10 Prozent: in trouble – in Schwierigkeiten.** Dieses Key Result ist so sehr in Schwierigkeiten, dass wir den Score von 0,7 niemals erreichen werden.
- **30 Prozent: at risk – gefährdet.** Dieses Key Result ist in Schwierigkeiten und wir werden wahrscheinlich nicht den Score von 0,7 erreichen.
- **50 Prozent: off track.** Wir sind zwar etwas vom Weg abgekommen, aber zuversichtlich, dass wir das Key Result mit einem Score von 0,7 erreichen werden.

- **90 Prozent: on track – auf Kurs.** Wir sind zuversichtlich, dass wir das Key Result mit einem Score von 0,7 erreichen werden.
- **100 Prozent: completed – geschafft!**

Viel wichtiger als die Prozentzahl sind die einheitliche Einschätzung und damit die **stringenten Bezeichnungen**.

Key Results sind erfüllt oder nicht. Es lässt sich jedoch auch der Erreichungsgrad (Score) ermitteln, der in drei Bereiche aufgeteilt wird (Ampel): 0,0 bis 0,39 (rot), 0,4 bis 0,69 (gelb) und 0,7 bis 1,0 (grün). Ebenfalls wichtig ist der Confidence-Level: die Einschätzung, ob man am Ende des OKR-Zyklus das Ziel erreichen wird.

4.2 Das Daily Huddle

Ein Daily Huddle ist **ein tägliches kurzes Check-in-Meeting**, meist zum Start des Arbeitstages, das immer um die gleiche Uhrzeit stattfindet. Es sollte im Stehen abgehalten werden, damit es nicht zu lange dauert – deshalb wird es auch oft **Daily Stand-up-Meeting** genannt. Hier werden kurz, für maximal 15 Minuten, die Köpfe auf Team- oder Führungskreisebene zusammengesteckt, und zwar auf jeder Ebene, auf der OKR-Sets definiert wurden oder eine kurze operative Absprache notwendig ist, ggf. auch abteilungsübergreifend.

Ähnlich dem Daily Meeting bei Scrum

Die Idee des Daily Huddles ist **Scrum** entlehnt, bei dem es ebenfalls ein **Daily** genanntes Meeting gibt. Falls im Unternehmen bereits ein solches abgehalten wird, kann dieses um den Aspekt der OKR ergänzt werden. In diesem Fall dürften die **drei Standardfragen**, die jeder Teilnehmende im Daily Huddle beantwortet, schon bekannt sein:

1. Was habe ich seit dem letzten Daily Huddle erledigt?
2. Was werde ich bis zum nächsten Daily Huddle tun?
3. Welche Blocker/Hindernisse oder Risiken gibt es?

Der **Unterschied zum Daily Scrum-Meeting** ist, dass beim Daily Huddle Bezug zu den jeweils relevanten OKR-Sets genommen wird: im Wesentlichen, auf welches Key Result (oder Objective) der Task einzahlt – oder auch nicht (!).

Hinweise zum Daily Huddle

Mit dem Daily Huddle wird sichergestellt, dass die **Teams am Fortschritt der OKR-Sets arbeiten** und den **Fokus auf das Richtige und Wesentliche** behalten. Schnell kristallisiert sich dadurch heraus, wenn Arbeiten an Themen geplant sind bzw. verrichtet werden, die nicht im Fokus sind.

Falls das Team mit einem **Kanban-Board** arbeitet, sollte das Meeting vor dem Board stattfinden. Für die Hindernisse und Risiken ist die Pflege eines **Impediment-Boards** hilfreich. Spannend ist es, wenn die Teams zu den Tasks vermerken, zu welchem Objective bzw. Key Result dieser beiträgt oder auch nicht. Für Teams, die Scrum einsetzen, sollte dies am besten gleich beim Sprint-Planning bzw. noch davor im Backlog-Item vorgenommen werden, also Bestandteil der Definition of Ready werden.

Das Daily Huddle ist ein tägliches Check-in-Meeting. Es sollte nicht länger als 15 Minuten dauern. Jeder Teilnehmende beantwortet drei Standardfragen: 1. Was habe ich seit dem letzten Daily Huddle erledigt? 2. Was werde ich bis zum nächsten Daily Huddle tun? 3. Welche Blocker/Hindernisse oder Risiken gibt es?

4.3 Das OKR-Weekly

Das OKR-Weekly ist ein **wöchentliches Check-in-Meeting**, das der schnellen und effizienten Verteilung von Informationen und der effektiven Lösung von Problemen dient.

Um welche OKR-Sets geht es?

Die Agenda beim OKR-Weekly sind die OKR-Sets. Damit ist das Meeting auf **die operativen Themen fokussiert, die zur Erreichung der Ziele führen**. Das Team überprüft dabei seinen **Fortschritt** und beobachtet den Trend auf dem Weg zur Zielerreichung.

- In einem **Führungskreis-Meeting** werden die Top-Level-OKR-Sets besprochen.
- In einem **Team-Meeting** geht es um die Team-OKR-Sets – dabei ist wichtig, dass hier nicht die OKR-Sets der einzelnen Teammitglieder besprochen werden, falls es solche überhaupt gibt.
- Im Meeting mit einer/einem Vorgesetzten, einem **One-on-One-Meeting**, werden, sofern vorhanden, die OKR-Sets des Teammitgliedes als Agenda bzw. die OKR-Sets des Teams herangezogen, an denen die Person mitwirkt, bei einer Führungskraft die OKR-Sets des Teams, das sie verantwortet.

Nach was wird gefragt?

Idealerweise wird das Meeting **von allen Teilnehmern** vorbereitet, indem **zu jedem Key Result die drei Ps** dokumentiert werden:

- **Progress:** der Fortschritt seit dem letzten Weekly mit den entsprechenden Tasks sowie den Erkenntnissen bzw. Learnings.
- **Plan:** die nächsten Schritte: Was wird bis zum nächsten Weekly getan, um die OKR-Sets voranzubringen?
- **Problems:** die aktuellen Blocker/Hindernisse (u. a. auch Ressourcen wie Budget, Personal oder strukturelle Probleme wie die Organisation) oder Risiken sowie zu treffende Entscheidungen.

Tipp: Ideal eignen sich zur Vorbereitung beispielsweise eine OKR-Software bzw. ein -Tool oder ein PowerPoint-Slide, ein Excel-Spread-Sheet in einem Shared Folder, ein Google-Docs-Sheet, eine Wiki- oder Confluence-Seite.

Aktualisiert werden im Meeting außerdem

- der **Score des Key Results**, also der Prozentsatz der Zielerreichung, und
- der **Confidence-Level**, also die Einschätzung der Wahrscheinlichkeit, zum definierten Zeitpunkt ein Ergebnis von 70 Prozent oder besser zu erreichen.

Ebenso wird abgefragt, welche wichtigen Themen, die nicht von den OKR-Sets abgedeckt werden, die Teilnehmenden beschäftigen.

Entscheidungen treffen, Lösungen finden

Es geht aber nicht nur um den Austausch von Informationen und Fakten, sondern um das gemeinsame Treffen von **Entscheidungen**, insbesondere bei vorhandenen oder drohenden **Blockern/Hindernissen oder Risiken**, sowie um das gemeinsame Erarbeiten von **Lösungen** und **Identifizieren von Unterstützungsmöglichkeiten**.

Sollten Diskussionen zu lange dauern, dann sollte ein separates Meeting zu diesem Topic vereinbart werden. Falls es auffallend oft um Entscheidungen geht, dann sollte überprüft werden, ob mehr Verantwortung an das Team oder an einzelne Mitarbeitende übertragen werden soll oder ob Mitarbeitende die Verantwortung, Entscheidungen zu treffen, übernehmen und ausfüllen.

Tipp: Um diesen Entscheidungsprozess zu optimieren, nutzen wir das Instrument „Delegation Board und Delegation Poker". Dies forciert das Empowerment in Richtung Team- und Mitarbeiterebene enorm.

Hinweise zum Weekly

Im Meeting wird jedes Objektive und jedes Key Result vorgetragen mit den oben genannten Punkten. Der **Bericht des Fortschritts und der nächsten Schritte** stellt sicher, dass fokussiert in Richtung Ziel gearbeitet wird. Das steigert auch nachweislich die Freude an der Arbeit und die **Motivation**.

Aktuelle Blocker/Hindernisse und Risiken und erbetene Entscheidungen helfen, früh eine Lösung und Unterstützung zu identifizieren und einzuleiten. Erkenntnisse bzw. Learnings helfen, die Arbeit zu verbessern und sowohl aus Erfolgen als auch aus Fehlern zu lernen. Hier bieten sich eine **Wall of Fame** und eine **Wall of Shame** an, um das Gelernte in das gesamte Unternehmen zu tragen. Die Metriken, Score (OKR-Ampel) und Confidence-Level sind idealerweise mit einem Trend seit der letzten Woche versehen bzw. der Fortschritt wird anhand eines Graphen visualisiert, was beispielsweise einige OKR-Software-Tools anbieten.

In solch ein Meeting Zeit, Energie und Geduld zu investieren, lohnt sich! Es sollte deutliche Einsparungen an E-Mails, Telefonaten und spontanen Ad-hoc-Meetings mit sich bringen. Laptops sollten während des Meetings zugeklappt bleiben, es sei denn, sie werden für das Status-Reporting oder zum Protokollieren benötigt. Auch Smartphones sollten auf lautlos gestellt, Telefonate nicht angenommen werden. Hier eignet sich ein **Working-Agreement** sehr gut, in dem gemeinsam beschlossen und dokumentiert wird, was in Meetings erlaubt ist und was nicht.

Der **OKR Process Owner kann OKR-Weeklys begleiten,** um die Lösung möglicher Blocker/Hindernisse zu unterstützen und um zwischen einzelnen Teams zu koordinieren, sofern dies erforderlich ist.

Sollte die Struktur des Weekly zu starr sein und mehr Freiraum für Diskussionen erwünscht sein, kann das Weekly in der oben beschriebenen Form auch nur alle zwei Wochen stattfinden. In der Woche dazwischen wird dann ein Weekly abgehalten, das eher zur freien Diskussion dient. Wichtig ist nur, dass der wöchentliche Rhythmus beibehalten wird.

Plattform für Feedback und Diskussionen

John Doerr spricht von „**CFR – Conversations, Feedback, Recognition**" – also **Konversationen, Rückmeldung und Wertschätzung**. Und davon, dass OKR, gepaart mit CFR, ein „Continous Performance Management" wird, also ein kontinuierliches Leistungsmanagement. Das OKR-Weekly bietet die ideale Plattform für Feedback und Diskussionen. Wichtig ist, dass dies mit Wertschätzung einhergeht.

Feedback sollte konstruktiv sein – und nicht bewertend. Die Ansätze der gewaltfreien bzw. empathischen Kommunikation nach Marshall Rosenberg sind hier sehr hilfreich. Die beste Wertschätzung, die man geben kann, ist, einfach mal **Danke** zu sagen!

Was Sie über die Ausführungsphase wissen sollten:

- *Key Results sind erfüllt oder nicht. Es lässt sich aber auch der Erreichungsgrad (Score) messen und anhand eines Ampelsystems bewerten.*
- *Ebenfalls wichtig ist der Confidence-Level: die Einschätzung, ob man am Ende des OKR-Zyklus das Ziel erreichen wird.*
- *Die OKR-Methodik braucht eine gesunde Fehlerkultur („Failure is an option").*
- *Das Daily Huddle ist ein kurzes Check-in-Meeting zum Start des Arbeitstages (max. 15 Minuten).*
- *Das OKR-Weekly ist ein wöchentliches Meeting, in dem der Fortschritt der Bearbeitung der OKR-Sets besprochen wird.*

30 MINUTEN

Wie wird am Ende festgestellt, ob man im OKR-Zyklus erfolgreich war?

Seite 80

Wie lässt sich der OKR-Prozess iterativ weiter verbessern?

Seite 82

Was beinhaltet ein Working-Agreement für die OKR-Retrospektive?

Seite 84

5. Die OKR-Abschlussphase

Nach Ende des OKR-Zyklus werden in der Abschluss-phase („Inspect and Adapt Phase") die OKR-Sets in den **OKR-Reviews** abschließend gemessen und begutachtet. Zudem wird der OKR-Prozess selbst in den **OKR-Retrospektiven** begutachtet und optimiert. Die OKR-Reviews und -Retrospektiven werden vor der Finalisierung der neuen OKR-Sets abgehalten, um Erkenntnisse und Learnings bereits in die neuen OKR-Sets einfließen zu lassen.

5.1 Das OKR-Review

Das OKR-Review ist ein inhaltliches Review, also ein **Status- und Auswertungsmeeting** am Ende des OKR-Zyklus. Dem **Scrum-Review** ist das OKR-Review sehr ähnlich – bei beiden wird der **Fortschritt inspiziert**. Auch wenn bei der Priorisierung des Backlogs der Business-Value im Vordergrund steht, ist der Unterschied, dass beim Scrum-Review der Output inspiziert wird – die neue fertige Produktfunktionalität („Increment of Potentially Shippable Functionality") –, und zwar anhand der Akzeptanzkriterien („Acceptance Criteria"). Beim OKR-Review geht es hingegen um den **Outcome**: das Ergebnis im Sinne von **Nutzen bzw. Value** (Wertbeitrag). Gemessen wird anhand der **Erfolgskriterien** („Success Criteria"): **Objectives and Key Results**. Scrum-Review und OKR-Review können so wunderbar Hand in Hand gehen und sich ergänzen.

Welche OKR-Reviews gibt es?
Am Ende jedes OKR-Zyklus werden die OKR-Sets ausgewertet und **jedes Team präsentiert die Zielerreichung seiner Objective und Key Results**. Es wird überprüft, wie viel von dem, was das Team sich vorgenommen hat, erreicht wurde. Es werden **Feedback, Meinungen, Verbesserungsvorschläge, Lob und Kritik** eingesammelt. Manche Unternehmen führen außerdem sogenannte Mid-term-Reviews in der Mitte des OKR-Zyklus durch.

Die OKR-Review-Meetings werden auf allen Ebenen durchgeführt:

- Im **Führungskreis** werden die Top-Level-OKR-Sets ausgewertet.
- Im **Team** werden die Team-OKR-Sets ausgewertet.
- Mit den jeweiligen **Vorgesetzten** werden die OKR-Sets der einzelnen Teammitglieder ausgewertet. Diese können auch im zweiten Teil eines Team-Meetings vorgestellt werden.

Das OKR-Review-Meeting des Führungskreises, der Abteilungen und der Teams wird **vom OKR Process Owner moderiert**. Wir empfehlen, das Meeting „time-boxed" durchzuführen, mit einer Dauer von maximal 90 Minuten.

Ablauf der OKR-Reviews

Im OKR-Review-Meeting werden alle OKR-Sets besprochen – **OKR-Set für OKR-Set**. Der jeweilige OKR-Set-Verantwortliche stellt sein OKR-Set vor:

- **Betrachtung der Key Results: Sind alle Key Results auf Grün (Zielerreichungsgrad größer 0,7)?** Wenn ja, was hat zu unserem Erfolg beigetragen? Wenn nein, welche wesentlichen Hindernisse sind uns begegnet?
- **Beurteilung des Objectives:** Haben wir das **Ziel erreicht?** Den **Outcome erzielt?** Welche **Blocker und Hindernisse** sind uns begegnet?

Zusätzliche Fragen: Folgende Fragen stellen wir gerne in der OKR-Retrospektive (Kap. 5.2). Sie können aber auch bereits im OKR-Review gestellt werden:
- Wenn wir ein Objective oder ein Key Result aus dem vergangenen Quartal neu schreiben könnten, was würden wir ändern?
- Was haben wir im Rahmen der Zielerreichung im vergangenen Quartal mit OKR gelernt?
- Was können wir im nächsten Quartal besser machen?
- Wie können wir noch bessere Objectives und Key Results schreiben?

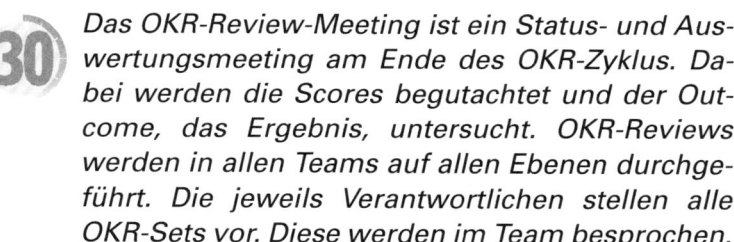

Das OKR-Review-Meeting ist ein Status- und Auswertungsmeeting am Ende des OKR-Zyklus. Dabei werden die Scores begutachtet und der Outcome, das Ergebnis, untersucht. OKR-Reviews werden in allen Teams auf allen Ebenen durchgeführt. Die jeweils Verantwortlichen stellen alle OKR-Sets vor. Diese werden im Team besprochen.

5.2 Die OKR-Retrospektive

Hinter der Retrospektive steht das zwölfte Prinzip aus dem **Agilen Manifest: „At regular intervals, the team reflects on how to become more effective, then tunes and adjusts its behavior accordingly."** So sollten die einzelnen Teams und das gesamte Unternehmen in regelmäßigen Abständen, idealerweise am Ende eines OKR-Zyklus, darüber reflektieren, wie man im OKR-Prozess methodisch effektiver werden kann, den **Zielsetzungsprozess optimieren** kann – und dann entsprechend Handlungen daraus ableiten.

Nicht mit Scrum kombinieren: Die OKR-Retrospektive ist der Idee der Scrum-Retrospektive sehr ähnlich. Allerdings empfehlen wir, diese Meetings nicht zusammenzulegen, da die Aspekte bzw. Themeninhalte doch sehr unterschiedlicher Natur sind.

Hinterfragen des OKR-Prozesses

Die OKR-Retrospektive ist also das entscheidende Element für die **kontinuierliche Verbesserung des OKR-Prozesses**. Dabei werden die Abläufe des OKR-Prozesses hinterfragt und auf ihre formale, nicht aber auf die inhaltliche Richtigkeit untersucht.

- Wie vollständig ist der OKR-Prozess implementiert?
- Welche wesentlichen Hindernisse sind uns im OKR-Prozess begegnet (auf methodischer Ebene, nicht inhaltlich)?
- Waren die **OKR-Sets formal richtig**?
- Waren die **Objectives** wirklich **qualitativ und ambitioniert formuliert**?
- Waren die **Key Results SMART definiert**?

Auch die am Ende des vorherigen Kapitels (Kap. 5.1) genannten Fragen sollten gestellt werden, und ein **Brainstorming** mit der Methode **Start/Stop/Conti-**

nue mit Klebezetteln kann zielführend sein. Dabei werden folgende Fragen bearbeitet:

- **Start doing:** Was soll künftig gemacht werden?
- **Stop doing:** Was soll künftig unterlassen werden?
- **Continue doing:** Was soll künftig fortgesetzt werden?

Jedes Team führt die OKR-Retrospektive durch und schließt damit den aktuellen OKR-Zyklus ab. Das Meeting hat eine Dauer von **maximal 120 Minuten** und der **OKR Process Owner ist Moderator** dieses Events.

Working-Agreement

Die Teams erstellen für das Meeting ein Working-Agreement. Darin wird unter anderem festgehalten, dass die OKR-Retrospektive als **geschützter Raum** zum Austausch dient und das Team hier frei alle Aspekte ansprechen kann, um den Prozess und damit die Leistung des Teams stetig zu verbessern – nach dem Motto: „**What happens in Vegas, stays in Vegas.**" Sollte es notwendig sein, Inhalte der Retrospektive an Außenstehende zu kommunizieren, wird in der Retrospektive festgelegt, wer diese Aufgabe übernimmt und wie er sie ausübt. Der OKR Process Owner sorgt dafür, dass das Working-Agreement eingehalten wird.

CFR beachten: Sowohl bei der OKR-Retrospektive als auch beim OKR-Review kommt John Doerrs CFR-Methode (Conversations, Feedback, Recognition) zum Zuge, die wir bereits im Zusammenhang mit dem OKR-Weekly beschrieben haben (s. Kap. 4.3).

Was Sie über die Abschlussphase wissen sollten:
- *Das OKR-Review-Meeting ist ein Status- und Auswertungsmeeting am Ende des OKR-Zyklus. Darin werden die Scores begutachtet und der Outcome (das Ergebnis) untersucht.*
- *OKR-Reviews werden in allen Teams auf allen Ebenen durchgeführt. Es werden alle OKR-Sets vorgestellt und im Team besprochen.*
- *In der OKR-Retrospektive wird der OKR-Prozess untersucht und reflektiert. Dies ist entscheidend für die kontinuierliche Verbesserung des OKR-Prozesses.*
- *Die OKR-Retrospektive findet in einem „geschützten Raum" statt.*
- *Bei den Meetings der Abschlussphase wird John Doerrs Methode CFR (Conversations, Feedback, Recognition) eingesetzt.*

Fast Reader

1. Grundlagen zu OKR

Wir leben in einer VUCA-Welt mit sich schnell verändernden Rahmenbedingungen, Unsicherheit, Komplexität und Mehrdeutigkeit. OKR hilft dabei, eine Vision, Verständnis und Klarheit zu schaffen und im Tun und Handeln agil zu bleiben. So können sich Unternehmen schnell anpassen und für drohende Disruptionen wappnen.
OKR ist in den 70er-Jahren von Andy Grove bei Intel begründet worden. John Doerr führte OKR 1999 bei Google ein. OKR ist eine Zielsetzungsmethode, ein Zielmanagementsystem, eine Strategieumsetzungsmethode und ein Strategie-Ausführungsinstrument.

OKR steht für „Objectives and Key Results":
- ***Ein Objective ist ein inspirierendes, qualitatives und ambitioniertes Ziel und beschreibt das Was.***

- *Ein Key Result ist ein quantitatives Schlüsselergebnis und Erfolgstreiber und beschreibt das Wie.*
- *Ein OKR-Set besteht aus einem Objective und mehreren dazugehörigen Key Results.*
- *Moonshots und Roofshots sind unterschiedliche Zielerreichungstypen. Moonshots werden unerreichbar, Roofshots ambitioniert, aber erreichbar formuliert.*

2. Voraussetzungen und Roll-out

OKR setzt Agilität nicht voraus – es unterstützt Agilität und schafft dabei den richtigen Fokus. Es ist das „Schmiermittel" für erfolgreiche agile Teams. Gleichzeitig hilft OKR Unternehmen, die noch nicht agil arbeiten, sich in Richtung Agilität zu entwickeln. Agilität führt zur iterativen und effektiven Neugestaltung und Optimierung von Produkten, Dienstleistungen und Geschäftsmodellen.
OKR-Sets orientieren sich am Leitbild des Unternehmens. Ein Leitbild besteht aus: Purpose, Vision, Mission, Strategie und Werten.

Ein praxiserprobter achtstufiger OKR-Einführungsprozess stellt sicher, dass alle wichtigen Voraussetzungen erfüllt sind, um in den OKR-Prozess einzusteigen. Die acht Stufen sind:

- *Erfolgskriterien definieren,*
- *OKR Process Owner benennen,*
- *C-Level-Sponsor benennen,*
- *Umfang der initialen OKR-Einführung festlegen,*
- *OKR-Kadenz festlegen,*
- *OKR-Meetings aufsetzen,*
- *OKR-Veröffentlichung und*
- *interne Kommunikation.*

3. Die OKR-Planungsphase

Das Vorgehensmodell im OKR-Prozess wird durch das OKR-Framework beschrieben. Dieses gliedert sich in drei Phasen: Planungs-, Ausführungs- und Abschlussphase. In der Planungsphase werden OKR-Sets erstellt, in der Ausführungsphase wird an der Zielerfüllung gearbeitet und in der Abschlussphase am Ende des OKR-Zyklus werden die OKR-Sets und der OKR-Prozess begutachtet.
Am Anfang steht die Planungsphase: Basis für die Erstellung aller OKR-Sets ist das Leitbild und daraus die wichtigsten strategischen Prioritäten aus der Jahresplanung. Weitere Möglichkeiten zur Erstellung von OKR-Sets sind die 5-Forces-Analyse, die SWOT-Analyse und die OMTM-Methode. Auch außergewöhnliche Ereignisse („schwarze Schwäne") können neue OKR-Plannings auslö-

sen. Zudem können Teams bzw. Mitarbeitende OKR-Sets vorschlagen.

Was Sie über die Planungsphase wissen sollten:
- **Jede Abteilung und jedes Team sollte OKR-Sets erstellen.**
- **OKR-Sets auf Mitarbeiterebene sind nicht zu empfehlen, da sonst der Teamgeist verloren geht.**
- **Die Kaskadierung (top-down) im OKR-Prozess entspricht nicht den agilen Prinzipien.**
- **Beim klassischen Bottom-up-Prozess definieren Abteilungen und Teams ihre OKR-Sets selbst.**
- **OKR-Sets sollten zu 40 Prozent top-down und zu 60 Prozent bottom-up definiert werden, abhängig von der aktuellen Organisationsform.**
- **Experimentelle OKR-Sets werden von Abteilungen und Teams definiert und sind unabhängig von Unternehmens-OKR-Sets. Sie setzen viel Eigenmotivation und Eigenverantwortung voraus.**
- **Die horizontale Abstimmung von OKR-Sets zwischen Abteilungen und Teams ist von zentraler Bedeutung.**
- **OKR-Software hilft insbesondere bei der Dokumentation von Abhängigkeiten und Alignments.**

4. Die OKR-Ausführungsphase

Key Results lassen sich ganz einfach beurteilen: Sie sind erfüllt oder nicht. Der Erreichungsgrad (Score) wird in drei Bereiche aufgeteilt (Ampel): 0,0 bis 0,39 (rot), 0,4 bis 0,69 (gelb) und 0,7 bis 1,0 (grün). Dabei bedeutet Rot: „Wir haben es nicht geschafft", Grün: „Wir haben geliefert." Gelb steht für: „Wir haben Fortschritte gemacht."

Hinzu kommt der Confidence-Level. Dies ist die subjektive Einschätzung, ob man glaubt, dass man am Ende des OKR-Zyklus das Ziel erreichen wird. Wichtig für die OKR-Methodik ist eine gesunde Fehlerkultur („Failure is an option").

In der Ausführungsphase finden tägliche Meetings (Daily Huddles) und wöchentliche Meetings (Weeklys) statt.

30 *Das Daily Huddle ist ein kurzes Check-in-Meeting zum Start des Arbeitstages, das nicht länger als 15 Minuten dauern sollte. Jeder Teilnehmer beantwortet folgende Fragen:*

- *Was habe ich seit dem letzten Daily Huddle erledigt?*
- *Was werde ich bis zum nächsten Daily Huddle tun?*
- *Welche Blocker/Hindernisse oder Risiken gibt es? (Diese werden dann in ein Impediment-Board eingetragen.)*

5. Die OKR-Abschlussphase

Zur OKR-Abschlussphase gehören das OKR-Review-Meeting sowie die OKR-Retrospektive. Das OKR-Review ist ein Status- und Auswertungsmeeting am Ende des OKR-Zyklus. Dabei werden die Scores begutachtet und der Outcome, also das Ergebnis, untersucht.

In der OKR-Retrospektive wird der OKR-Prozess untersucht und reflektiert, was verbessert werden soll. Dies ist entscheidend für die kontinuierliche Verbesserung des OKR-Prozesses. Sowohl bei der OKR-Retrospektive als auch beim OKR-Review kommt John Doerrs Methode CFR (Conversations, Feedback, Recognition) zum Einsatz.

Was Sie über die Abschlussphase wissen sollten:
- **OKR-Reviews werden in allen Teams auf allen Ebenen durchgeführt. Es werden alle OKR-Sets durch den jeweiligen Verantwortlichen vorgestellt und im Team besprochen.**
- **Bei der OKR-Retrospektive kann ein Brainstorming mit der Methode Start/Stop/Continue mit Klebezetteln sehr zielführend sein. Dabei wird danach gefragt, was künftig gemacht (start), unterlassen (stop) und fortgesetzt (continue) werden soll.**
- **Die OKR-Retrospektive findet in einem „geschützten Raum" statt.**

Die Autoren

Erno Marius Obogeanu-Hempel: seit mehr als zwei Jahrzehnten Visionär, Vordenker und anerkannter Experte in den Bereichen Digitalisierung, Strategie, OKR, digitale Transformation und Innovation – er inspiriert Menschen und berät Unternehmen. Durch seine zahlreichen Arbeitsaufenthalte im Silicon Valley hat er ein Digital Mindset erfahren sowie neue Methoden und Ansätze kennengelernt. Mit seiner interdisziplinären Expertise aus Geschäftsmodellen, Teamorganisation, Leadership, Produkt und Technologie hat er aus der Rolle der C-Level-Führungskraft, des mehrfachen Start-up-Gründers und Beraters die Art des Denkens und Handelns von Unternehmen zukunftsweisend verändert. Zu seinen Kunden zählen namhafte mittelständische Unternehmen wie auch internationale Konzerne. Er ist als internationaler Speaker, Unternehmensberater und Hochschuldozent tätig – sowie Gründer und Geschäftsführer der digitalwinners, einer Beratungsboutique für Strategie, OKR, digitale Transformation und Innovation.
erno@ernomarius.com, www.ernomarius.com, www.okrexperten.de

André Daiyû Steiner: Innovator, Visionär, Vordenker, Futurologe und Experte in den Bereichen Digital Mindset, Foresight Mindset, Strategie, OKR, digitale Transformation, Innovation und Entre- bzw. Intrapreneurship. Studium der Philosophie, Psychologie und Wirtschaftsinformatik. Seit mehr als 20 Jahren ist er namhafter Unternehmensberater, Executive Coach, Management Trainer und Dozent an Business Schools, Universitäten und Hochschulen. Er ist Autor mehrerer erfolgreicher Bücher, darunter *Die 7 Wege des Samurai* und *Happiness im Business*. Zudem ist er ordinierter Zen-Lehrer und schlägt so auch eine Brücke zwischen dem japanischen und westlichen Denken, Handeln und Wirtschaften. Als unerschütterlicher Optimist und Potenzialist glaubt er an eine vielversprechende, erfolgreiche Zukunft und an die Fähigkeit, sie gemeinsam zu gestalten. Seine Forschungsschwerpunkte sind OKR, Führung, Strategie, Achtsamkeit, Resilienz, Unternehmensethik und CSR. Er entdeckte bemerkenswerte Muster darin, wie Führungspersönlichkeiten und Organisationen denken, handeln und kommunizieren. Er ist Associate Partner der digitalwinners.
info@andre-steiner.com, www.andre-steiner.com, www.okrexperten.de

Weiterführende Literatur

- Doerr, John: OKR: Objectives & Key Results. Wie Sie Ziele, auf die es wirklich ankommt, entwickeln, messen und umsetzen. Vahlen, 2018

- Croll, Alistair/Yoskovitz, Benjamin: Lean Analytics. Use Data to Build a Better Startup Faster (Lean Series). O'Reilly and Associates, 2013

- Hawlitzeck, Jörg: 30 Minuten Agiles Mindset. GABAL, 2020

- Ismail, Salim: Exponentielle Organisationen. Das Konstruktionsprinzip für die Transformation von Unternehmen im Informationszeitalter. Vahlen, 2017

- Robertson, Brian J.: Holacracy. Ein revolutionäres Management-System für eine volatile Welt. Vahlen, 2016

- Sinek, Simon: Das unendliche Spiel. Strategien für dauerhaften Erfolg. Redline, 2019.

- Taleb, Nassim N.: Der Schwarze Schwan. Die Macht höchst unwahrscheinlicher Ereignisse. Pantheon, 2018.

Downloads und Onlinequellen

- Agiles Manifest (2001): https://agilemanifesto.org

- OKR Templates: https://www.weloveokr.com/okr-templates

- Untersuchung des Harvard Business Review Analytic Services in Zusammenarbeit mit der Brigthline Initiative: https://hbr.org/sponsored/2019/04/testing-organizational-boundaries-to-improve-strategy-execution

Register